L'ARITHMÉTIQUE DES DEMOISELLES,

APPLIQUÉE

AU NOUVEAU SYSTÈME MÉTRIQUE,

ET SUIVIE

D'UNE EXPOSITION RAISONNÉE ET INSTRUCTIVE DE CE SYSTÈME.

OUVRAGE ÉGALEMENT PROPRE A L'INSTRUCTION DE LA JEUNESSE DES DEUX SEXES.

PAR J. B. LA PERRIÈRE.

Prix : 3 fr., broché.

A PARIS,

CHEZ { L'AUTEUR, rue Servandoni, nº. 30, près St.-Sulpice.
FIRMIN DIDOT, Imprim.-Lib., rue de Thionville, nº. 10.

1811.

AVERTISSEMENT.

L'Auteur n'avoue que les Exemplaires signés de lui, au bas de cet Avertissement.

A

MES ENFANS.

MES CHERS ENFANS,

C'est particulièrement en vous instruisant que je me suis instruit moi-même ; et c'est à vous en partie que je suis redevable des connoissances dont ce Livre est le dépôt. Il m'est doux de vous le dédier. Regardez-le dans tous les instans de votre vie, comme un monument de ma tendresse et de mes soins pour vous.

L'essai heureux que j'en ai fait sur votre entendement, doit tout à la fois me le rendre cher, et me faire augurer favorablement de son utilité.

Puissent tous les Enfans être aussi efficacement encouragés au travail, que vous l'avez été par la plus douce et la meilleure des Mères, et que mon cœur proclame le modèle des Epouses!

Je vous embrasse tendrement,

LA PERRIERE.

PRÉFACE.

SI dans ce Traité, je m'étois borné à la simple exposition des principes et des règles de l'Arithmétique, je ne ferois, en le publiant, que grossir, assez inutilement peut-être, le nombre des ouvrages du même genre.

Mais je m'y suis proposé un autre but : celui d'accommoder ; pour ainsi dire, les différentes méthodes de calculs à la délicatesse d'organes des jeunes personnes auxquelles je le destine plus particulièrement.

Dans cette vue, j'ai imaginé, pour résoudre les questions des espèces les plus compliquées, de nouvelles méthodes qui en écartent les principales difficultés, et n'exigent plus qu'un médiocre effort d'attention.

C'est ainsi que la méthode que je propose pour résoudre les questions dépendantes de la Règle de Trois, dispense de la distinction, toujours embarrassante pour des commençans, de Règle de Trois *directe* et de Règle de Trois *inverse* : une seule et même Règle y est appliquée aux deux espèces, et sans qu'on soit obligé, avant de commencer l'opération, d'examiner à laquelle des deux appartient la question à résoudre.

Pareillement, la méthode que j'indique pour la solution des questions qui se rapportent aux Règles d'une et deux fausses positions, est plus directe et plus simple, que celle qu'on emploie ordinairement : elle rend inutile le secours de ces *faux* nombres, dont le choix n'est pas toujours sans difficulté, et sur lesquels il faut opérer d'abord, pour arriver par induction, à la solution de la question.

Je donne aussi, pour résoudre les questions, qui appartiennent à la Règle de la deuxième espèce d'Alliage, une méthode nouvelle, qui sous le rapport de la simplicité, me paroît avoir l'avantage sur celle qui est actuellement en usage.

Je porte dans tous les détails de l'ouvrage, le même esprit de simplification.

Et pour achever de remplir le but que je

m'y suis proposé, je me tiens, autant qu'il est en moi, constamment à la portée de ces jeunes esprits, faciles à troubler et qui ont besoin de ménagement; je m'éloigne le plus qu'il m'est possible du style scientifique, pour me rapprocher davantage de celui de la conversation; je ne laisse rien sans explication; et l'on s'aperçoit que je crains toujours de n'en avoir pas assez dit : je sacrifie la précision à la clarté.

Les différentes démonstrations répandues dans le cours de l'ouvrage, sont ce qui exigera, de la part des jeunes Demoiselles, une plus grande contention d'esprit; j'aurois desiré pouvoir la leur épargner; mais outre qu'elles n'auroient eu entre les mains qu'un ouvrage imparfait, comment auroient-elles pu se résoudre à opérer machinalement, et sans pouvoir se rendre raison de leurs opérations; d'ailleurs un des effets de ces démonstrations devant être de les habituer à raisonner conséquemment et avec méthode, pourquoi négligeroient-elles cette occasion de se former le jugement ?

Je termine ce Traité par une Exposition

raisonnée et instructive du nouveau Système des poids et mesures : j'en assigne la base, j'en suis les développemens ; et j'achève de l'éclaircir par des applications à des exemples ; et pour ne laisser rien à desirer, je mets le Lecteur sur la voie des opérations qu'on a dû faire, pour fixer les rapports réciproques des Mesures anciennes et nouvelles.

L'ARITHMÉTIQUE

DES

DEMOISELLES.

DE LA NATURE DES NOMBRES

ET DE LA NUMÉRATION.

1. L'ARITHMÉTIQUE est la science des *Nombres*.

2. Un nombre est l'*Unité*, plus ou moins de fois ajoutée à elle-même.

3. L'unité, principe des nombres, dont il est essentiel de prendre une idée exacte, est un terme de comparaison, une mesure fixe à laquelle on a recours pour déterminer une *distance*, une *étendue*, un *volume*, un *poids*, une *durée*, et généralement tout ce qui est susceptible d'augmentation ou de diminution, et qu'on appelle *quantité* en mathématiques.

Ainsi quand on dit qu'on a une terre de vingt *arpens*, qu'on a récolté dix *muids* de vin, qu'on a payé sa maison soixante mille *francs*, qu'on a fait une absence de deux *ans*, qu'on a été quinze *mois* malade, qu'on a deux *mètres* de haut, qu'on demeure à trois *lieues* de Paris ; l'unité dans ces différentes expressions, est l'arpent, le muid, le franc, l'an, le mois, le mètre, la lieue ; parce qu'on s'en sert, comme de mesure, pour déterminer par la comparaison, l'*étendue* de sa terre, la *force* de sa récolte, le *prix* de sa maison, le *temps* de son absence, la *durée* de sa maladie, la *hauteur* de sa taille, la *distance* de son domicile à la ville de Paris.

4. L'unité est *concrète* ou *abstraite* : concrète, si on en désigne l'espèce, comme quand on dit *un* mètre, *une* lieue ; abstraite, si l'espèce n'en est pas désignée, comme quand on dit simplement *un*, *une fois*.

Et par une conséquence de cette distinction, les nombres sont abstraits ou concrets, selon que l'unité à laquelle ils se rapportent est elle-même concrète ou abstraite : ainsi *neuf* francs, *huit* mètres, sont des nombres concrets ; et *cinq*, *sept*, ou *cinq fois*, *sept fois*, sont des nombres abstraits.

Nous donnerons la définition des autres espèces de nombres, à mesure que nous en traiterons.

5. Si on ajoute successivement l'unité à elle-même, ou si on la prend successivement, depuis une fois jusqu'à neuf fois, on aura les neuf premiers nombres, qu'on est convenu de nommer et de représenter comme on le voit ici :

Un,	*Deux*,	*Trois*,	*Quatre*,	*Cinq*,	*Six*,	*Sept*,	*Huit*,	*Neuf*.
1	2	3	4	5	6	7	8	9

Ces signes ou caractères de convention, qui nous viennent des Arabes, s'appellent *chiffres;* il faut y ajouter 0, qu'on nomme *zéro*, et dont nous expliquerons l'usage ci-après.

En prenant l'unité dix fois, on forme le nombre qu'on est convenu d'appeler *dix*, ou *dixaine*, ou encore, unité *du* 2ᵉ. *ordre;* et l'on compte par dixaines comme par unités, c'est-à-dire, qu'on compte deux dixaines, trois dixaines, etc., jusqu'à neuf.

La dixaine prise dix fois, forme le nombre appelé *cent, centaine*, ou unité *du* 3ᵉ. *ordre;* et l'on compte par centaines, comme nous venons de voir qu'on compte par unités et par dixaines.

La centaine, répétée dix fois, forme le nombre qu'on nomme *mille*, ou unité *du* 4ᵉ. *ordre;* et l'on compte également par mille, depuis un jusqu'à neuf.

En continuant de réunir ainsi dix unités d'un certain ordre en une seule, on produira la *dixaine de mille*, la *centaine de mille;* le *million*, la *dixaine de millions*, la *centaine de millions;* le *billion*, la *dixaine de billions*, etc., etc.; toutes unités de dix en dix fois plus fortes les unes que les autres; dont la progression est sans limite, se comptant séparément par deux, par trois, par quatre, etc. jusqu'à neuf, comme les unités simples, renfermant chacune la suite de tous les nombres, depuis un jusqu'à elle; et désignés enfin par des noms dont la quantité paroîtra infiniment bornée, eu égard à l'immensité des nombres qu'ils expriment.

6. Nous venons de voir que l'unité, dans chaque ordre, se compte par deux, par trois, etc., jusqu'à neuf; et qu'ainsi on dit : deux cents, trois cents, etc.; deux mille, trois mille, etc.; et ainsi de chacune des autres espèces d'unités.

Mais si l'on avoit à compter par dix ou par dixaines, on ne diroit pas deux dix, trois dix, etc., neuf dix; il faudroit dire : vingt, trente, quarante, cinquante, soixante, soixante-dix, quatre-vingt, quatre-vingt-dix; ce sont des noms particuliers qui ont été donnés aux nombres qui proviennent de la dixaine répétée depuis deux fois jusqu'à neuf fois.

7. Mais si la quantité des mots dont on se sert pour exprimer, dans le discours, tous les nombres imaginables, est limitée, celle des caractères qu'on emploie pour les représenter aux yeux, l'est encore davantage; car il suffit pour cela, des dix chiffres dont nous avons parlé plus haut.

En effet, une unité, à quelque ordre qu'elle appartienne, ne pouvant compter que par neuf au plus, puisque, prise dix fois, elle formeroit une unité de l'ordre immédiatement au-dessus, et ne compteroit plus dans le sien, il s'ensuit que, dans quelque ordre que ce soit, il n'y a point de nombre d'unités qui ne puisse être représenté par quelqu'un des chiffres; ainsi 8, par exemple, pourra représenter indistinctement huit unités simples, huit dixaines, huit centaines, et généralement huit unités d'un ordre quelconque.

Mais comme un chiffre ne marqueroit pas de lui-même à quel ordre appartiendroient les unités qu'il représenteroit, on est convenu de l'écrire au premier rang à droite, quand il représenteroit des unités simples ou du premier ordre; au second rang, quand il représenteroit des unités du 2e. ordre; au troisième rang, quand il représenteroit des unités du troisième ordre; et, en général, au rang marqué par le numéro de l'ordre des unités qu'il devra représenter.

Si donc on vouloit exprimer en chiffres, deux centaines, trois dixaines et quatre unités; c'est-à-dire deux cents, plus trente (6), plus quatre, ou deux cent trente-quatre, on écriroit 234, où 4, qui est au premier rang à droite, représente quatre unités du 1er. ordre; 3 qui est au deuxième rang, en représente trois du 2e. ordre; et 2 qui est au troisième rang, en représente deux du 3e. ordre.

De même, si l'on avoit à représenter neuf unités du 5e. ordre, huit du 4e., sept du 3e., six du second, et cinq du premier; c'est-à-dire, quatre-vingt-dix mille, plus huit mille, plus sept cents, plus soixante, plus cinq; ou quatre-vingt-dix-huit mille sept cent soixante-cinq, on écriroit 98,765.

Mais si l'on avoit quatre dixaines seules à représenter, on écriroit 4 et o à la suite, en cette sorte, 40 ; le zéro ayant la double fonction de marquer que, dans le nombre à représenter, il n'y a pas d'unités de l'ordre dont il occupe le rang, et de maintenir les chiffres qui sont à sa gauche, à la place qu'ils doivent avoir.

Egalement, pour exprimer un nombre composé de cinq centaines et de six unités simples, ou le nombre cinq cent six, qui n'a pas de dixaines, on écriroit 506, où o occupe tout à la fois la place des dixaines qui manquent au nombre proposé, et maintient au troisième rang le chiffre 5, qui représente des unités du troisième ordre.

Et pour représenter huit unités du quatrième ordre et trois du premier, ou le nombre huit mille trois, qui n'a ni centaines ni dixaines, on écriroit 8003, où l'on voit que le rang des centaines et celui des dixaines qui manquent, sont remplis par deux o, qui maintiennent en même temps le chiffre 8, au rang des mille qu'il exprime.

Enfin, pour représenter neuf unités du septième ordre, ou le nombre neuf millions, qui ne renferme aucune des unités des six premiers ordres, on écriroit 9 au septième rang, et pour qu'il s'y trouvât placé, on mettroit six zéros à la suite, en cette manière : 9,000000.

Ce petit nombre d'exemples suffit pour concevoir comment, avec les dix chiffres seulement, on parvient à représenter tous les nombres possibles.

8. Cet art d'exprimer, dans le discours et par

écrit, tous les nombres, avec une quantité limitée de noms et de caractères, est ce qu'on appelle *la numération*.

9. Pour énoncer ou lire commodément un nombre si grand qu'il soit, on suit une méthode que nous allons exposer, et qui ne présente aucune difficulté, lorsqu'on sait énoncer un nombre de trois chiffres.

Prenons pour exemple le nombre suivant, qui, d'après les calculs d'Archimède, exprime la quantité de grains de sable qu'il faudroit rassembler pour former une masse égale à celle de la Terre.

Noms et numéros des tranches.

11	10	9	8	7	6	5	4	3	2	1
Nonillions...	Octillions...	Septillions...	Sextillions...	Quintillions...	Quatrillions...	Trillions......	Billions......	Millions......	Mille........	Unités.......
71	764	546	809	270	857	142	857	142	857	142

Partagez ce nombre par la pensée, et en partant de la droite, en tranches de trois chiffres chacune, excepté la dernière qui n'en contient que deux, et pourroit même n'en contenir qu'un; et en commençant par la gauche, énoncez chaque tranche l'une après l'autre, comme si elle étoit seule et isolée des autres; observant, après l'avoir énoncée, de prononcer le nom par lequel elle est désignée.

Vous direz donc : soixante et onze nonillions,

sept cent soixante-quatre octillions, cinq cent quarante-six septillions, huit cent neuf sextillions, deux cent soixante-dix quintillions, huit cent cinquante-sept quatrillons, cent quarante-deux trillions, huit cent cinquante-sept billions, cent quarante-deux millions, huit cent cinquante-sept mille, cent quarante-deux. On s'abstient ordinairement de prononcer le nom de la tranche des unités.

10. Prenons pour deuxième exemple, le nombre ci-après, qui exprime à quelle quantité se seroient élevés les grains de blé que l'inventeur du jeu d'échecs auroit reçus pour sa récompense, si, suivant sa demande et la promesse que son souverain lui en avoit faite, on eût pu en réunir assez pour lui en donner un grain pour la première case de l'échiquier, deux grains pour la deuxième case, quatre grains pour la troisième; et ainsi de suite, toujours en doublant, jusqu'à la soixante-quatrième case.

18 446 744 073 709 551 615

Après avoir partagé le nombre en tranches de trois chiffres chacune, en allant de droite à gauche, on dira, en commençant par la gauche : dix-huit quintillions, quatre cent quarante-six quatrillions, sept cent quarante-quatre trillions, soixante-treize billions, sept cent neuf millions, cinq cent cinquante-un mille, six cent quinze.

11. Les opérations fondamentales de l'arithmétique, et dont toutes les autres ne sont que

des combinaisons, sont l'*Addition*, la *Soustraction*, la *Multiplication*, et la *Division*.

DE L'ADDITION DES NOMBRES ENTIERS.

12. L'Addition est une opération par laquelle on réunit plusieurs nombres en un seul.

Voici la règle qu'il faut suivre pour faire cette opération : on écrira tous les nombres à réunir les uns sous les autres, et de manière que les chiffres qui représentent des unités d'un même ordre, se trouvent placés dans une même colonne verticale, et on soulignera le tout.

On ajoutera ensuite toutes les unités simples ou du premier ordre ; et si la somme ne surpasse pas neuf, on écrira au-dessous le chiffre qui la représente ; si elle surpasse neuf, elle contiendra un nombre de dixaines avec ou sans unités simples, et on n'écrira au-dessous que le chiffre représentant les unités simples qu'elle pourra contenir, et o, si elle n'en contient pas ; on retiendra les dixaines ou unités du deuxième ordre, pour être ajoutées avec les unités du même ordre qui composent la colonne suivante ; on observera à l'égard de la somme des unités de cette seconde colonne, ce qui vient d'être prescrit pour celle des unités de la première ; on continuera ainsi de colonne en colonne, jusqu'à la dernière, sous laquelle on écrira la somme telle qu'on l'aura trouvée.

Nous allons appliquer cette règle à quelques questions.

13. *Première Question.* On demande d'ajouter ensemble ou de réunir en un seul les nombres 78569 et 51813.

J'écris ces deux nombres au-dessous l'un de l'autre, comme on le voit ici.

78569
51813
130382

Et après avoir souligné le tout, je commence par la première colonne à droite, qui est celle des unités simples ou du premier ordre, et je dis : 9 et 3 font 12, ou 1 dixaine et 2 unités simples ; j'écris les 2 unités simples sous leur colonne, et je retiens la dixaine pour être ajoutée avec les dixaines ou unités du deuxième ordre, qui composent la colonne suivante.

Je passe à cette colonne et je dis : 1 dixaine que j'ai retenue et 6 font 7, et 1 font 8, que j'écris au-dessous.

Passant à la troisième colonne, qui est celle des centaines ou des unités du troisième ordre, je dis : 5 et 8 font 13, ou 3 centaines et 1 unité du quatrième ordre ou 1 mille, je pose 3 sous la troisième colonne, et je retiens l'unité de mille.

Opérant sur la quatrième colonne, qui est celle des mille, je dis : 1 que j'ai retenu et 8 font 9, et 1 font 10 ; c'est à-dire, 1 unité du cinquième ordre sans unité du quatrième, je pose donc 0 sous la quatrième colonne, et je retiens 1 que j'ajoute, dans la cinquième colonne, aux unités du cinquième ordre, en disant : 1 et 7 font 8, et 5 font 13, ou 3 unités du cinquième ordre, que j'écris sous la cinquième colonne, et 1 unité du sixième ordre que j'avance, et que j'aurois ajouté dans la sixième colonne, aux unités du sixième ordre, s'il y en avoit eu; et le nombre 130382 qui se trouve écrit sous la ligne, réunit les deux nombres proposés.

En effet, il se compose de la totalité des parties de ces deux nombres, que nous avons successivement rassemblées, et par conséquent de ces deux nombres eux-mêmes.

14. Un nombre qui réunit ainsi plusieurs autres nombres, en est dit la *somme*, le *total* ou le *montant*.

15. *Deuxième Question*. On demande quelle est la somme des trois nombres 23456, 78912 et 50639.

On les disposera comme dans la question précédente.

```
 23456
 78912
 50639
------
153007
```

Et en commençant, ainsi que la règle le prescrit, par la colonne des unités simples, on dira : 6 et 2 font 8, et 9 font 17; en 17, 7 représentant des unités du premier ordre, on l'écrira sous la première colonne, et l'on retiendra 1, qui exprime 1 dixaine, pour être ajouté, dans la colonne suivante, aux unités de cet ordre.

Passant à cette colonne, on dira : 1 qui vient d'être retenu et 5 font 6, et 1 font 7, et 3 font 10;

en 10, o exprimant qu'il n'y a pas d'unité du deuxième ordre, on l'écrira sous la deuxième colonne, et on retiendra 1 qui marque 1 unité du troisième ordre, pour l'ajouter dans la troisième colonne, aux centaines ou unités du troisième ordre.

L'on dira en conséquence, en opérant sur cette colonne : 1 et 4 font 5, et 9 font 14, et 6 font 20; 20 représentant 2 unités du quatrième ordre, sans unités du troisième, on écrira o sous la troisième colonne, et l'on retiendra 2 qu'on ajoutera dans la quatrième colonne, aux unités de mille, en disant : 2 et 3 font 5, et 8 font 13, et o font toujours 13; en 13, on posera 3, qui exprime des unités de mille, sous la quatrième colonne, et 1 représentant 1 dixaine de mille, on le reportera à la cinquième colonne, et l'on dira : 1 et 2 font 3, et 7 font 10, et 6 font 16; on posera 6 qui marque des dixaines de mille, sous la cinquième colonne, et l'on avancera 1 qui auroit appartenu à la sixième colonne, s'il y en avoit eu une.

Le nombre 153007, qu'on aura obtenu par cette opération, est la somme des trois nombres proposés.

16. *Troisième Question*. Un particulier a perdu dans trois entreprises malheureuses, d'abord 1357 francs, puis 2468 francs, et enfin 909; on demande à quelle somme se monte la totalité de ses pertes.

Après avoir disposé ces trois nombres comme la règle le prescrit, et comme on le voit ici, j'opère successivement sur chaque colonne, de la même manière qu'il a été pratiqué dans les questions précédentes, et je dis : 7 et 8 font 15, et 9 font 24 ; je pose 4 et je retiens 2 ; 2 et 5 font 7, et 6 font 13, et 0 font toujours 13 ; je pose 3 et je retiens 1 ; 1 et 3 font 4, et 4 font 8, et 9 font 17 ; je pose 7 et je retiens 1 ; 1 et 1 font 2, et 2 font 4 ; je pose 4.

$$\begin{array}{r} 1357 \\ 2468 \\ 909 \\ \hline 4734 \end{array}$$

Le nombre 4734, qu'a produit l'opération, exprime la totalité des pertes demandée.

17. Pour faire la preuve de l'addition, c'est-à-dire, pour s'assurer qu'on ne s'est point trompé dans l'opération, on fait successivement une nouvelle addition des unités de chaque colonne, mais en allant de bas en haut ; au lieu que dans l'opération, on a été de haut en bas ; et si cette seconde addition donne la même somme que la première, on pourra raisonnablement présumer que celle-ci a été bien faite. Quoique cette preuve ne soit pas rigoureuse, elle pourra néanmoins suffire.

Ainsi, dans la dernière question, pour faire la preuve de l'opération, au lieu de dire : 7 et 8 font 15, et 9 font 24, on dira, en allant de bas en haut : 9 et 8 font 17, et 7 font 24 ; je pose 4 et retiens 2 ; et passant à la deuxième colonne : 2

et o font 2, et 6 font 8, et 5 font 13; je pose 3 et retiens 1, et ainsi de suite.

DE LA SOUSTRACTION DES NOMBRES ENTIERS.

18. La Soustraction est une opération par laquelle on retranche un plus petit nombre d'un plus grand.

19. Pour faire la soustraction, on écrit le plus petit nombre sous le plus grand, de manière que les unités de même ordre se correspondent dans une même colonne verticale, et on tire une ligne au-dessous.

On retranche, en commençant par la droite, chaque nombre inférieur du nombre supérieur qui lui correspond dans la même colonne; on écrit le reste au-dessous, et o s'il ne reste rien.

Si le nombre inférieur se trouve plus grand que le nombre supérieur, et que, pour cette raison, on ne puisse pas l'en retrancher, on ajoute à celui-ci une unité prise sur le nombre immédiatement à gauche, dans la colonne suivante; cette unité reportée ainsi dans le rang inférieur, sur lequel on opère, compte pour dix dans ce rang, et le nombre auquel on l'ajoute se trouve toujours assez fort, pour qu'on puisse en ôter le nombre inférieur qui ne peut surpasser 9. On se ressouviendra que le nombre sur lequel l'unité a été empruntée, reste plus foible de cette même unité.

Appliquons cette règle à quelques questions.

20. Proposons-nous de retrancher 654 de 9758. Après avoir disposé ces deux nombres, suivant la règle prescrite et comme on le voit ici,

9758
654
9104

Je dis, en commençant par la colonne des unités simples, et en passant successivement à chacune des autres colonnes : 4 ôté de 8, il reste 4 que j'écris sous cette première colonne ; 5 ôté de 5, il ne reste rien ; j'écris 0 sous cette deuxième colonne ; 6 ôté de 7, il reste 1, que j'écris sous cette troisième colonne ; rien ôté de 9, il reste 9, que j'écris sous cette quatrième colonne ; et 9104, qui se trouve écrit sous la ligne, est le reste de 9758, dont on a retranché 654 ; car les unités de chaque ordre dont se compose 654, ayant été ôtées séparément des unités correspondantes de 9758, 654 a, par conséquent, été retranché en entier de 9758 ; mais 9104 est la réunion de tous les restes partiels, provenus successivement de ces soustractions séparées ; donc il est le reste entier de 9758, après qu'on en a eu retranché 654.

21. Tout nombre provenant d'une soustraction quelconque, s'appelle indifféremment *reste*, *différence*, *excès*.

22. *Deuxième Question.* Sur une dette de 39359 fr., on a payé un à-compte de 23638 fr. ; combien redoit on encore ?

Cette question ayant pour objet de connoître le reste d'une somme due, dont on a payé une partie, c'est par la soustraction qu'elle doit se résoudre.

J'écris donc, comme ci-contre, le nombre qui exprime l'à-compte payé, sous celui qui marque la somme due.

$$\begin{array}{r} 39359 \\ 23638 \\ \hline 15721 \end{array}$$

Et procédant comme dans la question précédente, je dis : 8 ôté de 9, il reste 1 ; ou, par abréviation : 8 de 9 reste 1 ; je pose 1 ; 3 de 5 reste 2, je pose 2 ; 6 de 3, cela ne se peut ; j'ajoute à 3 qui se trouve trop petit pour qu'on puisse en ôter 6, une unité prise sur son voisin 9, et qui descendant dans le rang des unités de l'ordre de 3, compte pour 10 ; et poursuivant l'opération, je dis : 6 de 13 reste 7 ; 3 de 8 (et non de 9, puisque l'emprunt qui vient d'être fait sur 9, a diminué ce nombre d'une unité) reste 5, 2 de 3, reste 1 ; et j'ai 15721, pour reste de la soustraction et de la somme due.

23. *Troisième Quest.* La naissance de Louis XIV datant du mois de septembre 1638, et sa mort du même mois de septembre 1715, on demande combien d'années ce prince a vécu ?

Ce nombre d'années est exprimé par la différence de 1638 à 1715 ; il faut donc, pour trouver cette différence, retrancher 1638 de 1715, et, après avoir disposé ces deux nombres pour la soustraction,

$$\begin{array}{r} 1715 \\ 1638 \\ \hline 77 \end{array}$$

On dira : 8 de 5, cela ne se peut ; on ajoutera à 5 une unité tirée du rang immédiatement à gauche de ce chiffre, et qui, avec 5, fera 15; et l'on poursuivra : 8 de 15 reste 7, je pose 7; 3 de 0, cela ne se peut; et empruntant à gauche 1 unité sur 7 : 3 de 10 reste 7; 6 de 6 reste 0; 1 de 1 reste 0 : ces deux zéros n'ajoutant rien à la différence 77, on les supprime; ainsi le nombre d'années demandé est 77.

24. *Quatrième Question.* Un riche particulier étant mort, on a trouvé que ses biens, de la valeur de 345000 francs, étoient grevés de 92624 fr. de dettes; on demande quel est l'héritage réel et effectif qu'il a laissé.

Cet héritage doit se trouver, en déduisant les dettes, de la valeur des biens; il faut donc ôter 92624 francs de 345000.

Je dispose en conséquence ces deux nombres pour la soustraction.

```
 999
345000
 92624
------
252376
```

Et je dis : 4 de 0, cela ne se peut; j'emprunte une unité sur le nombre immédiatement à gauche, au second rang; mais ce nombre est lui-même 0, et on n'en peut rien emprunter; je remonte au troisième rang; j'y trouve encore 0; enfin, au 4e. rang, j'emprunte sur 5, une unité qui, à l'égard de la première colonne, sur laquelle j'opère actuellement, vaut mille; sur ce mille je n'emprunte que 10; et reprenant la suite de l'opération, je dis : 4 de 10 reste 6, je pose 6.

Les 990 restant du mille que j'ai emprunté, je m'en sers pour en retrancher les nombres représentés par 2 et par 6, qui sont placés sous le deuxième et le troisième o, qui se trouvent ainsi remplacés par 99; et en poursuivant, je dis : 2 de 9 reste 7, je pose 7; 6 de 9 reste 3, je pose 3; puis 2 de 4 reste 2, je pose 2; 9 de 4, cela ne se peut; 9 de 14 reste 5, je pose 5; et rien de 2 reste 2; ainsi le nombre qu'on se proposoit de trouver par l'opération, est 252376.

De ce qui s'est passé dans cette dernière opération, on conclura que lorsque, dans une soustraction à faire, le nombre dont on retranche renferme une suite de plusieurs zéros, il faut opérer comme si ces zéros représentoient, le premier à droite une valeur de 10, et chacun des autres une valeur de 9; en observant de diminuer d'une unité le nombre exprimé par le chiffre significatif qui vient immédiatement après ces zéros. Tous les chiffres sont significatifs, excepté zéro.

25. *Cinquième Question.* De. . 561003001
Retrancher 471232569

Dans l'opération que nous allons faire, nous aurons occasion d'appliquer les différentes règles qui viennent d'être prescrites pour les différens cas de la soustraction; nous les observerons, mais mentalement et sans les rappeler.

89770432

Nous dirons donc : 9 de 11 reste 2, je pose 2; 6 de 9 reste 3, je pose 3; 5 de 9 reste 4, je pose 4; 2 de 2 reste 0, je pose 0; 3 de 10 reste 7, je pose 7;

2 de 9 reste 7, je pose 7; 1 de 10 reste 9, je pose 9; 7 de 15 reste 8, je pose 8; 4 de 4 reste 0, que je supprime, comme inutile à la tête d'un nombre entier.

26. Pour faire la preuve de la soustraction, il faut ajouter le reste au nombre retranché; la somme sera égale au nombre dont on retranche, si la soustraction a été bien faite; car le reste n'est autre chose que le nombre dont on a retranché, diminué du nombre retranché; donc il ne manque à ce reste que d'être ajouté au nombre retranché, pour égaler celui dont on retranche.

DE LA MULTIPLICATION DES NOMBRES ENTIERS.

27. La Multiplication est une opération par laquelle on prend ou on répète un nombre autant de fois que l'indique un autre nombre.

Ainsi, prendre 6 autant de fois que 4 l'indique, ou 4 fois, c'est multiplier 6 par 4, ce qui donne 24.

28. Le nombre à multiplier se nomme *multiplicande*; celui par lequel on doit multiplier s'appelle *multiplicateur*, et le résultat de l'opération est appelé *produit*.

Dans l'exemple que nous venons de citer, 6 est le multiplicande, 4 le multiplicateur, et le produit est 24.

Le multiplicande et le multiplicateur s'appellent encore d'un nom commun, les *facteurs* du produit.

29. Puisque multiplier un nombre, c'est le

prendre une certaine quantité de fois, il est évident que l'opération pourroit se faire par voie d'addition, en écrivant le multiplicande et en l'ajoutant ensuite successivement à lui-même; mais comme cette addition successive seroit interminable, pour peu que le multiplicateur fût grand, on a imaginé la multiplication, qui est une véritable addition abrégée.

Mais avant d'aller plus loin, il importe de se rompre à la multiplication des nombres d'un seul chiffre, les uns par les autres, puisque c'est à celle-là que se réduisent les multiplications les plus composées.

30. On pourra, pour s'y exercer, faire usage de la table suivante, où le signe × signifie *fois* ou *multiplié par;* et le signe = signifie *égale* ou *est égal à*; il ne faudra pas perdre de vue la signification de ces signes, dont nous ferons un fréquent usage par la suite (*a*).

(*a*) On observera, à cette occasion, que l'addition et la soustraction ont aussi leurs signes propres : + qui signifie *plus*, étant placé entre deux quantités, exprime qu'elles doivent être ajoutées ensemble; et — qui signifie *moins*, marque, entre deux quantités, que celle qui est à la droite doit être retranchée de celle qui est à la gauche. L'expression $6 + 4$ marque donc qu'il faut ajouter 6 avec 4; et celle-ci : $6 - 4$, exprime qu'il faut retrancher 4 de 6.

$9 \times 9 = 81$
$9 \times 8 = 72$
$9 \times 7 = 63$
$9 \times 6 = 54$
$9 \times 5 = 45$
$9 \times 4 = 36$
$9 \times 3 = 27$
$9 \times 2 = 18$
$9 \times 1 = 9$

$8 \times 8 = 64$
$8 \times 7 = 56$
$8 \times 6 = 48$
$8 \times 5 = 40$
$8 \times 4 = 32$
$8 \times 3 = 24$
$8 \times 2 = 16$
$8 \times 1 = 8$

$7 \times 7 = 49$
$7 \times 6 = 42$
$7 \times 5 = 35$
$7 \times 4 = 28$
$7 \times 3 = 21$
$7 \times 2 = 14$
$7 \times 1 = 7$

$6 \times 6 = 36$
$6 \times 5 = 30$
$6 \times 4 = 24$
$6 \times 3 = 18$
$6 \times 2 = 12$
$6 \times 1 = 6$

$5 \times 5 = 25$
$5 \times 4 = 20$
$5 \times 3 = 15$
$5 \times 2 = 10$
$5 \times 1 = 5$

$4 \times 4 = 16$
$4 \times 3 = 12$
$4 \times 2 = 8$
$4 \times 1 = 4$

$3 \times 3 = 9$
$3 \times 2 = 6$
$3 \times 1 = 3$

$2 \times 2 = 4$
$2 \times 1 = 2$

$1 \times 1 = 1$

En se servant de cette table, on dira : 9 multipliés par 9 égalent 81 ; ou, plus brièvement, 9 fois 9 font 81 ; 9 fois 8 ou 8 fois 9 font 72 ; 9 fois 7 ou 7 fois 9 font 63 ; 9 fois 6 ou 6 fois 9 font 54 ; et ainsi de suite.

Suivant ce que nous venons de dire, on voit que tous ces nombres, pris deux à deux, donnent toujours un même produit, soit qu'on multiplie le premier par le second, ou le second par le premier.

31. En effet, *dans quelque ordre qu'on multi-*

plie deux nombres l'un par l'autre, on doit toujours obtenir le même résultat; par exemple, la multiplication de 3 par 5 ou de 5 par 3, doit produire également 15; car, si 1 pris 5 fois est évidemment la même chose que 5 pris 1 fois, 3 pris 5 fois devra aussi égaler 5 pris 3 fois; ou si $1 \times 5 = 5 \times 1$, $3 \times 5 = 5 \times 3$. La même chose auroit lieu, si on avoit plus de deux nombres à multiplier les uns par les autres.

De la Multiplication par un Nombre d'un seul Chiffre.

32. Pour exécuter cette multiplication, écrivez le multiplicateur sous l'un des chiffres du multiplicande; l'usage veut que ce soit sous celui des unités simples; et soulignez-le.

Multipliez successivement par le multiplicateur, le nombre des unités de chaque ordre du multiplicande, en commençant par la droite; écrivez à mesure chaque produit partiel sous le nombre multiplié, pourvu qu'il ne passe pas 9; et la suite des chiffres que vous aurez écrits marquera le produit cherché.

Si quelque produit partiel passe 9, il renfermera des unités de l'ordre immédiatement au-dessus; retenez ces unités, pour être ajoutées, dans la multiplication suivante, aux unités du même ordre, et n'écrivez que le surplus.

33. *Première Question.* On demande le produit de la multiplication de 2143 par 2.

2143
2
4286

J'écris le multiplicateur 2, sous le chiffre des unités simples du multiplicande, puis multipliant successivement par 2 le nombre de chaque ordre d'unités, en commençant par la droite; et écrivant à mesure chaque produit partiel au-dessous, je dis : 2 fois 3 font 6, je pose 6; 2 fois 4 font 8, je pose 8; 2 fois 1 font 2, je pose 2; 2 fois 2 font 4, je pose 4; et j'ai 4286 pour le produit demandé; puisque ce nombre renfermant 2 fois les 3 unités simples, les 4 dixaines, la centaine et les 2 mille qui composent le multiplicande 2143, il renferme par conséquent 2 fois le multiplicande lui-même.

34. *Deuxième Question.* On demande quel seroit le produit de 340631
multiplié par 9

3065679

Après avoir écrit le multiplicateur 9 sous le chiffre des unités simples du multiplicande, on dira, en commençant par ces mêmes unités, et en passant successivement à celles des autres ordres: 9 fois 1 font 9, je pose 9; 9 fois 3 font 27, je pose 7 et retiens 2, pour être ajoutés au produit suivant; 9 fois 6 font 54, et 2 de retenus du produit précédent font 56, je pose 6 et retiens 5; 9 fois 0 font 0, et 5 de retenus font 5, je pose 5; 9 fois 4 font 36, je pose 6 et retiens 3; 9 fois 3 font 27, et 3 de retenus font 30, je pose 0; et comme il n'y a plus rien à multiplier, j'avance 3. Le produit demandé est donc 3065679.

De la Multiplication par un Nombre de plusieurs Chiffres.

35. Multiplier par un nombre de plusieurs chiffres, c'est multiplier par des unités d'autant d'ordres différens que ce nombre a de chiffres. L'opération, dans ce cas, doit donc consister à multiplier successivement le multiplicande par les unités de chaque ordre du multiplicateur, en suivant dans chacune de ces multiplications séparées, la règle prescrite pour la multiplication par un nombre d'un seul chiffre ; puis l'on additionne le tout.

On remarquera toutefois que le premier chiffre de chacun de ces produits devra toujours être placé sous le chiffre des unités par lesquelles on multipliera ; c'est-à-dire sous le chiffre des dixaines, des centaines, des mille, etc., selon qu'on multipliera par des dixaines, des centaines, des mille, etc., parce qu'il est évident que la multiplication par des unités d'un certain ordre, doit produire des unités du même ordre.

36. *Première Question.* Un jour contenant 24 heures, combien une année qu'on suppose composée de 365 jours seulement, contient-elle d'heures ?

Puisqu'un jour contient 1 fois 24 heures, 365 jours devront contenir 365 fois 24 heures ; il faut donc, pour résoudre la question, multiplier

24 par 365 ; ou, ce qui revient au même (31), multiplier 365 par 24.

On disposera ces deux nombres pour la multiplication, comme on le voit ici ; on multipliera d'abord 365 par les 4 unités simples du multiplicateur, suivant la règle prescrite (32) pour la multiplication par un nombre d'un seul chiffre, on aura 1460 pour produit.

```
  365
   24
 ----
 1460
 730
 ----
 8760
```

On multipliera ensuite, suivant la même règle, par les 2 dixaines du multiplicateur, et le produit sera 730, dont le premier chiffre o devra se trouver placé sous le chiffre 2 des dixaines par lesquelles on a multiplié ; on additionnera les deux produits séparés qu'on vient d'obtenir, et la somme 8760, qui sera le produit total de l'opération, exprimera le nombre des heures que renferme une année.

37. *Deuxième Question*. On demande quel sera le produit de la multiplication de 876543 par 40069

Je multiplie tout le multiplicande, d'abord par les 9 unités simples du multiplicateur, j'ai pour produit 7888887.

```
     876543
      40069
 ----------
    7888887
   5259258
 3506172
 ----------
 35122201467
```

Je le multiplie ensuite par les 6 dixaines du multiplicateur ; j'ai 5259258 pour produit, dont j'ai eu attention de placer le premier chiffre 8 sous celui des 6 dixaines par lesquelles j'ai multiplié.

Le multiplicateur n'ayant ni centaines ni mille, je passe de suite à la multiplication par les 4 dixaines de mille qui viennent après, j'ai 3506172, dont j'ai observé d'écrire le premier chiffre 2 sous les 4 dixaines de mille par lesquelles j'ai multiplié.

J'additionne les trois produits partiels, et la somme 35122201467 compose le produit total demandé.

38. *Troisième Question.* Trouver le produit de 23456

multiplié par 4700

1641920o
93824
110243200

Le multiplicateur n'ayant ni unités simples, ni dixaines, je commence la multiplication par les 7 centaines qui viennent après; le produit est 164192; mais comme le chiffre 2 qui termine ce produit n'exprime, au rang qu'il occupe, que des unités du premier ordre, lorsqu'il en doit exprimer du troisième, puisque j'ai multiplié par des centaines, j'écris deux zéros à la suite, afin que remontant ainsi au troisième rang, il puisse représenter des unités du troisième ordre.

Je multiplie ensuite par les 4 mille, je trouve 93824 pour produit; enfin j'additionne, et la somme 110243200 donne le produit total cherché.

39. On voit par cette opération, que lorsqu'on a à multiplier par un nombre terminé par des zéros, il faut opérer sans avoir égard à ces zéros, puis les écrire à la suite du produit.

40. *Quatrième Question.* La circonférence de la terre est partagée en 360 degrés, de 25 lieues (anciennes) chacun ; combien la terre a-t-elle de lieues de tour?

Puisque chacun des 360 dégrés dont se compose la circonférence de la terre, est de 25 lieues, les 360 degrés seront de 360 fois 25 lieues.

En multipliant donc 360 par 25, le produit 9000 donnera la circonférence ou le tour de la terre.

```
 360
  25
----
1800
720
----
9000
```

41. *Cinquième Question.* Un livre a 500 pages dont chacune renferme, l'un portant l'autre, 200 mots; on demande combien le livre entier contient de mots?

Si chaque page renferme 200 mots, il est évident que les 500 pages ou le livre, renfermeront 200 fois 500 mots; et qu'ainsi le produit 100000 de la multiplication de 500 par 200, résoudra la question.

```
   500
   200
------
100000
```

42. *Sixième Question.* On demande combien un louis d'or vaut de deniers?

Un louis vaut 24 livres tournois, et la livre tournois vaut 240 deniers; ainsi en multipliant 240 par 24, le produit 5760 exprimera la valeur du louis en deniers.

```
 240
  24
----
 960
480
----
5760
```

43. *Septième Question.* Trouver combien un double napoléon vaut de centimes?

Un double napoléon vaut 40 francs, et le franc vaut 100 centimes : le double napoléon vaut donc 40 fois 100, ou 4000 centimes.

```
 100
  40
----
4000
```

44. *Huitième Question.* La distance moyenne de la Lune à la Terre étant de 86324 lieues (anciennes), on demande de combien de toises elle en est éloignée ?

La lieue dont il s'agit ici renfermant 2283 toises, il est clair que 86324 lieues vaudront 2283 fois 86324 toises; ainsi, en multipliant ces deux nombres l'un par l'autre, leur produit 197077692 marquera la distance, évaluée en toises, de la Lune à la Terre.

```
    86324
     2283
---------
   258972
  690592
 172648
172648
---------
197077692
```

44. *Neuvième Question.* Un vieillard est âgé de 100 ans ; on desire savoir combien il y a de minutes qu'il existe ?

Voici comment il faudra s'y prendre pour résoudre cette question : on considérera, 1°. que l'année étant en nombre entier de 365 jours, si l'on multiplie 365 par 100, le produit 36500 exprimera l'âge du vieillard en jours.

2°. Que le jour étant de 24 heures, le produit 876000, résultant de la multiplication de 36500 par 24, donnera ce même âge, évalué en heures.

```
     365
     100
--------
   36500 jours.
      24
--------
  146000
  73000
--------
  876000 heures.
      60
--------
52560000 minutes
```

3°. Enfin, qu'en multipliant 876,000 heures par 60, parce que l'heure contient 60 minutes, le produit 52560000 satisfera à la question.

DE LA DIVISION DES NOMBRES ENTIERS.

45. Diviser un nombre par un autre, c'est chercher combien de fois le premier de ces nombres contient le second.

Le nombre à diviser s'appelle *dividende*; celui par lequel on doit diviser s'appelle *diviseur*; et on nomme *quotient* le nombre qui exprime combien de fois le dividende contient le diviseur.

46. Puisque diviser un nombre par un autre, c'est chercher combien de fois le premier de ces nombres renferme le second, on conçoit que cette opération pourroit se faire par voie de soustraction, en retranchant le diviseur du dividende, et en répétant cette soustraction jusqu'à ce que le dividende fût épuisé, car alors on pourroit dire que le dividende renferme le diviseur, le même nombre de fois que la soustraction auroit pu se faire; mais comme cette soustraction répétée demanderoit beaucoup de temps, pour peu que le dividende fût grand ou que le diviseur fût petit; et que l'arithmétique a principalement pour objet de donner des moyens simples et prompts de composer et de décomposer les nombres, on a imaginé la règle de division qui n'est qu'une soustraction abrégée.

De la Division d'un Nombre de plusieurs Chiffres par un Nombre d'un seul Chiffre.

47. Nous supposerons, dans ce que nous allons dire, qu'on sait déjà diviser tout nombre plus petit que 90, par tout autre nombre plus petit que 10; et c'est une connoissance qu'on doit déjà avoir, si on a présente à la mémoire la table de multiplication que nous avons donnée au n°. 30; en effet, si l'on sait, par exemple, que 9 fois 8 font 72, on saura aussi que 72 renferme 8, 9 fois, ou 9, 8 fois; et que 75 renferme aussi 8, 9 fois, ou 9, 8 fois, mais avec un reste 3, etc.

Il est indispensable d'être exercé à ces divisions simples, avant de passer aux divisions plus composées.

Pour diviser un nombre quelconque de plusieurs chiffres par un autre nombre d'un seul chiffre, on écrira le diviseur à la gauche du dividende, dont on le séparera par un trait vertical; et l'on soulignera le diviseur, sous lequel devront être écrits les chiffres du quotient, à mesure qu'on les trouvera.

On prendra à la gauche du dividende autant de chiffres qu'il en faudra, pour que le nombre exprimé par ces chiffres puisse contenir le diviseur; on sent que ce nombre, ou premier dividende partiel, ne pourra être que de deux chiffres au plus.

On cherchera combien il renferme de fois le diviseur ; on écrira ce nombre de fois au quotient ; on multipliera le diviseur par ce même nombre ; on portera le produit sous le dividende partiel qu'on vient d'employer, on l'en retranchera. A côté du reste, on descendra le chiffre suivant du dividende total ; on aura un second dividende partiel, sur lequel on opérera comme on vient de faire sur le premier, cherchant combien de fois il contient le diviseur, écrivant le quotient à la suite de celui qu'on a déjà trouvé ; multipliant le diviseur par ce nouveau quotient, portant le produit sous le deuxième dividende partiel ; faisant la soustraction, et abaissant à côté du reste le chiffre du dividende qui suit celui qu'on a déjà abaissé ; ce qui donnera un troisième dividende partiel, sur lequel on répétera la même opération qui a été faite sur chacun des deux premiers.

On continuera de procéder ainsi, jusqu'à ce qu'il n'y ait plus au dividende de chiffres à abaisser.

Appliquons cette méthode à des questions.

48. *Première Question.* Soit le nombre 78048 à diviser par 8.

78048	8
72	9756
60	
56	
44	
40	
48	
48	
00	

Après avoir disposé le dividende 78048 et le diviseur 8, suivant la règle qui vient d'être prescrite, et comme on le voit ici,

Je prends 78 à la gauche du dividende ; je me contenterois de prendre 7, si 7 suffisoit pour contenir le diviseur 8, et je dis : en 78, combien de fois 8? il y est 9 fois pour 72, j'écris 9 au quotient; je multiplie le diviseur 8 par 9; je porte le produit 72 sous le premier dividende partiel 78; je l'en retranche et j'ai 6 pour reste.

A côté de ce reste, je descends le chiffre suivant o du dividende total; j'ai 60 pour deuxième dividende partiel, sur lequel j'opère comme je viens de faire sur le premier, en disant : en 60 combien de fois 8? il y est 7 fois pour 56; j'écris 7 au quotient, à côté de 9 qui s'y trouve déjà; je multiplie le diviseur 8 par 7 que je viens d'écrire au quotient; je porte le produit 56 sous le deuxième dividende partiel 60; je l'en retranche, et le reste est 4.

A côté de ce reste 4, j'abaisse le chiffre 4 qui suit dans le dividende total le o que j'ai déjà abaissé; j'ai 44 pour troisième dividende partiel, sur lequel je répète la même opération que sur les deux premiers; je dis donc : en 44 combien de fois 8 ? 5 fois pour 40; j'écris 5 au quotient, à la suite des deux autres chiffres qui s'y trouvent; je multiplie le diviseur par 5; je porte le produit 40 sous le troisième dividende partiel 44, je l'en retranche, et j'ai 4 pour reste.

Je descends à côté de ce reste le chiffre 8 du dividende total qui suit ceux que j'ai déjà abaissés, ce qui me donne 48 pour quatrième et dernier dividende partiel : 48 renfermant 6 fois le diviseur, j'écris 6 au quotient; puis multipliant par ce nombre le diviseur, et retranchant le produit

48 du quatrième dividende partiel, j'ai o pour reste.

Ainsi le quotient de la division de 78048 par 8 est 9756 ; c'est-à-dire que 78048 contient 8, 9756 fois, ou que 8 peut être ôté de 78048, 9756 fois.

En effet, chaque dividende partiel a été formé d'un des nombres d'unités de différens ordres dont se compose le dividende total, c'est-à-dire des mille, des centaines et des unités simples du dividende total ; donc en retranchant successivement, comme je l'ai fait, de ces dividendes partiels, le produit du diviseur par chacune des parties du quotient, j'ai réellement retranché du dividende total, le produit du diviseur par le quotient ; ce qui n'auroit pas pu se faire, si ce dividende n'eût pas contenu le diviseur autant de fois que le quotient l'indique.

49. Puisque le quotient d'une division exprime combien de fois le diviseur est contenu dans le dividende, il s'ensuit qu'en répétant le diviseur autant de fois que l'indique le quotient ; ou, ce qui est la même chose, qu'en multipliant le diviseur par le quotient, on reproduira le dividende ; *donc réciproquement, en multipliant le quotient par le diviseur, on devra aussi reproduire le dividende ;* puisque, dans quelque ordre qu'on multiplie deux nombres, on a toujours le même produit (31).

50. *Deuxième Question.* Partager 5913 francs entre 9 personnes.

En divisant 5913 par 9, le quotient déterminera la part de chacune de ces personnes ; car cette part devra être telle, que, répétée 9 fois, elle devienne égale au nombre à partager, 5913 fr. ; or, d'après ce qui vient d'être dit (49), la division de 5913 fr. par 9 donnera un quotient dont la multiplication par le diviseur 9 reproduira le dividende 5913 fr.

Je dispose donc 5913 et 9 pour la division, et je dis : en 59, combien de fois 9 ? 6 fois ; j'écris 6 au quotient ; je multiplie le diviseur 9 par ce quotient ; j'ai pour produit 54, que je porte sous 59, et je l'en retranche ; à côté du reste 5, j'abaisse du dividende le chiffre suivant 1 ; je divise 51 par 9, il me vient 5 que j'écris au quotient ; je multiplie 9 par 5 ; je porte le produit 45 sous 51 dont je le soustrais ; j'abaisse à côté du reste 6 le chiffre 3 du dividende ; je divise 63 par 9, j'ai 7 que j'écris à la suite des autres chiffres du quotient ; je multiplie 9 par 7, je porte le produit sous 63 ; je fais la soustraction, et il reste 0.

```
5913 { 9
54   { 657
----
 51
 45
----
  63
  63
----
  00
```

Ainsi, en partageant 5913 francs entre 9 personnes, la part de chacune sera 657 fr. ; en effet, cette part prise 9 fois ou multipliée par 9, égale 5913 fr ; ou, si l'on veut encore, cette part étant successivement retranchée 9 fois de 5913 francs, il ne reste plus rien à ce dernier nombre.

51. On voit par le résultat de cette opération, que la division, qui fait connoître combien de fois un nombre contient un autre nombre, sert encore à partager un nombre en autant de parties égales qu'on veut.

52. *Troisième Question.* Sept cohéritiers ont une succession de 24542 francs à se partager; on demande quelle sera la part de chacun.

Comme il s'agit dans cette question de partager 24542 francs en 7 parties égales, il faudra diviser ce nombre par 7 (51).

On dira donc: en 24 combien de fois 7? 3 fois; on écrira 3 au quotient; on multipliera le diviseur 7 par 3 on retranchera le produit 21 du premier dividende partiel 24.

Dividende	Diviseur
24542	7
21	3506
35	
35	
0042	
42	
00	

A côté du reste 3, on descendra le chiffre 5 du dividende; on aura le deuxième dividende partiel 35, qu'on divisera par 7, il viendra 5 qu'on écrira au quotient; on multipliera le diviseur par 5; on ôtera le produit 35 du deuxième dividende partiel.

A côté du reste o, on descendra du dividende total le chiffre 4, ce qui donnera o4 ou simplement 4 pour troisième dividende partiel; et comme il ne contient pas le diviseur 7, on écrira o au quotient, et l'on abaissera de suite à côté de 4 le dernier chiffre 2 du dividende; on aura 42 pour quatrième dividende partiel, dont la division par 7 donnera 6, qu'on écrira à la suite des autres chiffres du quotient; et ayant multiplié 7 par 6, on portera le produit sous 42; on l'en retranchera, et il ne restera rien.

Ainsi la part de chacun des sept cohéritiers sera 3506, qui, prise ou répétée 7 fois, produit une somme égale à celle de 24542 fr. qu'il s'agissoit de partager.

53. On voit, par cet exemple, que lorsque, dans le cours de l'opération, quelque dividende partiel se trouve trop foible pour pouvoir contenir le diviseur, il faut écrire o au quotient, et descendre aussitôt le chiffre suivant du dividende total, qui, placé à côté du dividende partiel trop foible, en compose un nouveau, sur lequel on continue l'opération.

54. *Quatrième Question.* On propose de diviser 20268 par 5.

$$\begin{array}{r|l} 20268 & 5 \\ \cline{2-2} 20 & 4053\frac{3}{5} \\ \cline{1-1} 0026 & \\ 25 & \\ \cline{1-1} 18 & \\ 15 & \\ \cline{1-1} 3 & \end{array}$$

Après avoir disposé ces deux nombres pour la division, et exécuté l'opération comme on le voit à côté, on trouvera à la fin un reste 3; ce qui annonce que le dividende ne renferme pas le diviseur un nombre entier de fois exactement; ou qu'il s'en faut de 3 unités simples que la totalité du dividende ait pu être partagée en 5 parties égales; dans ce cas, on porte le reste, comme on a fait dans cette opération, à la suite des chiffres du quotient, et on écrit au-dessous le diviseur dont on le sépare par un trait. Nous rendrons raison de ce procédé par la suite.

De la Division par un Nombre de plusieurs Chiffres.

55. La division par un nombre de plusieurs chiffres se fait, à quelques modifications près, de la même manière que par un nombre d'un seul chiffre.

On prend pour premier dividende partiel, à la gauche du dividende total, autant de chiffres qu'il est nécessaire pour que le nombre représenté par ces chiffres puisse contenir le diviseur.

Et selon que le dividende partiel a autant de chiffres que le diviseur, ou en a un de plus, on cherche combien le nombre exprimé par le premier ou par les deux premiers de ses chiffres, contient de fois le nombre exprimé par le premier chiffre du diviseur; on écrit le quotient sous le diviseur; on multiplie le diviseur par ce quotient; on porte le produit sous le dividende partiel; on l'en retranche; à côté du reste de la soustraction, on descend le chiffre suivant du dividende total; et l'on continue de suivre cette marche, jusqu'à ce qu'il ne reste plus au dividende total de chiffres à abaisser.

56. *Première Question.* On demande quel est le quotient de la division de 292578, par 52.

A la gauche du dividende total, je prends 292

pour premier dividende partiel ; si je prenois moins de chiffres, le nombre qu'ils représenteroient ne suffiroit pas pour contenir le diviseur.

```
292578 | 62
248    |----
------   4719
 445
 434
 ----
  117
   62
  ----
   558
   558
   ----
   000
```

Et comme ce dividende partiel a un chiffre de plus que le diviseur, je cherche combien le nombre exprimé par ses deux premiers chiffres, renferme de fois le nombre exprimé par le premier chiffre du diviseur, et je dis : en 29, combien de fois 6? 4 fois ; j'écris 4 au quotient ; je multiplie le diviseur 62 par 4, je porte le produit 248 sous 292, je l'en retranche.

A côté du reste 44, je descends du dividende le chiffre 5, j'ai 445 pour deuxième dividende partiel, et comme il a un chiffre de plus que le diviseur, je dis : en 44, combien de fois 6? il y est 7 fois ; je multiplie le diviseur 62 par 7 : je porte le produit 434 sous 445 ; je l'en retranche, j'ai 11 pour reste.

A côté de ce reste, j'abaisse le chiffre 7 du dividende, ce qui me donne 117 pour troisième dividende partiel, que je divise par le diviseur, en disant : en 11 combien de fois 6? il y est une fois ; j'écris 1 au quotient ; je multiplie le diviseur par 1 ; je porte le produit 62 sous 117, pour l'en retrancher ; le reste de la soustraction est 55.

A côté de 55, je descends le dernier chiffre 8

du dividende, et j'ai 558 pour quatrième dividende partiel, dont la division par le diviseur donne 9, que j'écris au quotient; je multiplie le diviseur par 9; je porte le produit sous le dividende partiel 558, je fais la soustraction, et il reste 0.

Le quotient de la division de 292578 par 62, est donc 4719.

57. On vient de voir (55) que, dans la division par un nombre de plusieurs chiffres, pour trouver le quotient de chaque division partielle, la règle prescrit d'examiner combien de fois les unités de l'ordre le plus élevé du dividende renferment les unités du même ordre du diviseur, au lieu de chercher tout d'un coup combien de fois le dividende contient le diviseur entier; ce qui ne pourroit se faire que par une espèce de tâtonnement, qui seroit le plus souvent aussi long que fatigant.

Cependant on conçoit qu'en se contentant de chercher ainsi combien les unités de l'ordre le plus fort du dividende partiel renferment de fois les unités de même ordre du diviseur, le quotient que l'on trouve par cette voie, peut n'être pas le véritable, puisqu'il est possible que les autres parties du dividende partiel ne renferment pas, ce même nombre de fois, les parties correspondantes du diviseur; auquel cas le quotient n'exprimeroit plus, comme il le doit, combien de fois la totalité du diviseur est contenue dans le dividende partiel.

Il est donc nécessaire, avant de tenir le quotient pour bon, d'en faire l'épreuve ; c'est-à-dire, de s'assurer si les unités de chaque ordre du dividende partiel contiennent en effet les unités de l'ordre respectif du diviseur, autant de fois que le quotient l'indique.

Et cette épreuve se fait naturellement en comparant avec le dividende partiel, le produit du diviseur par le quotient ; car si ce produit se trouve plus grand que le dividende partiel, et qu'il ne puisse pas en être retranché, c'est que ce dernier ne contient pas le diviseur autant de fois que le marque le quotient, qui est conséquemment trop fort, et qu'on diminue alors successivement d'une unité, jusqu'à ce qu'il procure un produit qu'on puisse retrancher du dividende partiel.

Si, au contraire, la soustraction pouvant se faire, laisse un reste égal au diviseur ou plus grand, c'est que ce dernier est encore contenu dans le dividende partiel ; que le quotient est par conséquent trop foible, et qu'il doit être augmenté d'une ou de plusieurs unités, suivant le besoin.

58. Mais il y a une manière particulière de faire cette épreuve, et qui l'abrège ordinairement. Nous allons l'exposer.

Au lieu de former, comme nous l'avons dit,

le produit entier du diviseur par le quotient qu'on éprouve, pour le comparer au dividende partiel, on multiplie les unités de l'ordre le plus élevé du diviseur, et par la pensée, on en retranche le produit, des unités de même ordre du dividende partiel.

On conçoit le reste, converti en unités de l'ordre suivant, qu'on ajoute mentalement à celles des unités de cet ordre qui se trouvent au dividende partiel.

On retranche de la somme, toujours par la pensée, les unités de même ordre du diviseur, multipliées par le quotient qu'on éprouve.

On conçoit de même le reste converti en unités de l'ordre suivant, qu'on ajoute aux unités de cet ordre qui se trouvent au dividende partiel, pour retrancher pareillement de la somme, le produit des unités de même ordre du diviseur, par le quotient.

On continue de parcourir ainsi tous les rangs des unités de différens ordres du dividende partiel et du diviseur; et si l'on a pu parvenir jusqu'au dernier, en retranchant successivement, des unités de chaque ordre du dividende partiel, le produit des unités de même ordre du diviseur, le quotient qui a procuré ces produits doit être considéré comme bon, car il en résulte la preuve que le diviseur entier est contenu dans le dividende partiel autant de fois que le marque ce quotient, puisqu'il a pu en être retranché ce même nombre de fois.

Mais dans le cours de cette épreuve, il peut arriver ou que quelqu'une des soustractions ne puisse pas se faire, ou que, pouvant se faire, elle laisse un reste qui égale ou surpasse, soit le diviseur, soit le quotient.

Dans le premier cas, le quotient est trop fort, et doit être diminué d'une unité.

Dans le second cas, lorsque le reste de la soustraction égale ou surpasse le diviseur, c'est la preuve qu'on s'est trompé dans l'estimation du quotient, qu'on a pris trop foible, et qu'il faut alors augmenter d'une unité. Dans l'un et dans l'autre de ces deux cas, le quotient diminué ainsi, ou augmenté, doit être remis à l'épreuve.

Enfin, lorsque le reste d'une des soustractions partielles égale ou surpasse le quotient éprouvé, c'est un indice que ce quotient est bon, et on se dispense de pousser plus loin l'épreuve.

Car si ce reste étoit 3, par exemple, et égal au quotient qu'on éprouveroit, ou plus fort, il est évident qu'avec les unités de l'ordre suivant du dividende, il feroit au moins 30 (7), le nombre de ces unités fût-il zéro; ainsi on pourroit en retrancher aisément le produit par le quotient 3, de la multiplication des unités de même ordre du diviseur, puisque le nombre de ces dernières ne pouvant surpasser 9, ni par conséquent leur produit excéder 27, le reste de la soustraction seroit encore au moins 3, qui, par la même raison que nous venons de donner, confirmeroit l'inutilité de la continuation de l'épreuve.

Il y auroit un raisonnement semblable à faire si le reste étoit un tout autre nombre que 3.

Nous ferons usage de cette épreuve dans la solution des questions suivantes.

59. *Deuxième Question.* Partager 921214 en 4538 parties égales.

Comme c'est par la division (51) qu'un nombre se partage en parties égales, il faut diviser 921214 par 4538.

```
921214 { 4538
9076   { 203
------
  13614
  13614
  -----
  00000
```

Je dispose donc ces deux nombres pour la division; je prends ensuite à la gauche du dividende total, pour premier dividende partiel, le nombre 9212, qui suffit pour contenir le diviseur 4538; et comme ce premier dividende partiel ne renferme que la même quantité de chiffres que le diviseur, je cherche combien le nombre exprimé par son premier chiffre seulement, renferme de fois le nombre exprimé par le premier chiffre du diviseur;

Et je dis: en 9 combien de fois 4? je trouve qu'il y est 2 fois; mais avant de me fixer à ce quotient, je l'éprouve;

A cet effet, je multiplie successivement par 2 les 4 mille, les 5 centaines, les 3 dixaines et les 8 unités simples du diviseur, et je m'assure à chaque multiplication séparée, si le produit peut être retranché des unités de même ordre du dividende partiel ;

Je dis donc : 2 fois 4 font 8 ; 8 de 9 reste 1 ou 1 mille qui, converti en centaines, fait avec les 2 du dividende partiel 12 centaines ; et continuant l'épreuve, je dis : 2 fois 5 font 10, que je retranche de 12 ; et comme le reste 2 est au moins égal au quotient que j'éprouve, j'en conclus que ce quotient est bon (58) ; je borne donc là l'épreuve, et j'écris 2 sous le diviseur.

Et poursuivant l'opération de la division, je multiplie le diviseur par le quotient 2 que je viens d'éprouver ; j'écris le produit 9076 sous le dividende partiel 9212, et je fais la soustraction.

A côté du reste 136, je descends le chiffre 1 du dividende total, et j'ai 1361 pour deuxième dividende partiel ; je tente de le diviser, mais je m'aperçois qu'il est plus petit que le diviseur, et que, par conséquent, il ne le contient pas ; j'écris donc 0 au quotient (53), et abaissant de suite le dernier chiffre 4 du dividende total à côté de 1361, j'ai 13614 pour troisième dividende partiel.

Je le divise, et comme il a un chiffre de plus que le diviseur, je dis : en 13 combien de fois 4 ? 3 fois ; j'éprouve 3, et je dis : 3 fois 4 font 12 qui, retranchés de 13, donnent pour reste 1 ou 1 mille, qui, avec les 6 centaines du dividende partiel, fait 16 centaines ; et continuant l'épreuve : 5 fois 3 font 15 que je retranche de 16 ; le reste est 1 ou 1 centaine, qui, avec la dixaine du dividende partiel, fait 11 dixaines dont je retranche 9, produit des dixaines du diviseur, par le quotient éprouvé; le reste est 2 dixaines ou 20 unités simples, qui, avec les 4 du dividende partiel, en font 24; j'en retranche le produit des unités simples du diviseur par 3; et comme il ne reste rien, le quotient que j'éprouve est bon, puisque le produit qu'il a donné des unités de chaque ordre du diviseur, a pu être retranché des unités de même ordre du dividende partiel.

Et comme il n'y a plus, au dividende total, de chiffre à abaisser, la division est terminée, et le quotient qui en est résulté exprime qu'en partageant 921214 en 4538 parties égales, la valeurde chacune de ces parties est 203, qui prise 4538 fois, ou multipliée par 4538, reproduit en effet le nombre à partager, 921214.

60. *Troisième Question.* On demande quelle est la 345e. partie de 23460?

Si l'on suppose un nombre partagé en 345 parties égales, l'une de ces parties est ce qu'on appelle la 345e. partie de ce nombre; or, on a cette partie dans le quotient de la division de ce même nombre par 345; puisque ce quotient (49) de même que cette partie, étant répété 345 fois, doit reproduire ce nombre. Il faut donc, pour répondre à la question, diviser 23460 par 345.

Procédant à cette division, je prends à la

gauche du dividende total, le nombre 2346, qui est nécessaire pour contenir le diviseur, et je dis : en 23 combien de fois 3? 6 fois ; j'éprouve 6 : 3 fois 6 font 18 ; 18 de 23 reste 5 qui, à la gauche de 4, font 54 (*a*) ; 6 fois 4 font 24 ; 24 de 54, reste au moins 6 que j'éprouve ; 6 est bon, je l'écris au quotient ; je multiplie le diviseur par 6 ; je retranche le produit 2070 de 2346 ; à côté du reste 276, j'abaisse 0, je divise 2760 : en 27 combien de fois 3? 8 fois, j'éprouve 8 : 8 fois 3 font 24 ; 24 de 27 reste 3 qui, à la gauche de 6, font 36 ; 8 fois 4 font 32 ; 32 de 36 reste 4 qui, à la gauche de 0 font 40 ; 8 fois 5 font 40 ; 40 de 40 reste 0.

23460	345
2070	68
2760	
2760	
0000	

Ainsi la 345e. partie de 23460 est 68, qui étant répétée 345 fois, devient égale à 23460.

Nous avons déjà observé (51) que la division sert à faire connoître combien de fois un nombre

(*a*) On sent que c'est pour abréger que je m'exprime ainsi ; car je devrois dire : reste 5 mille qui, convertis en centaines, en font 54 avec les 4 qui se trouvent déjà au dividende partiel ; mais ces expressions trop longues, et bonnes seulement quand il s'agit d'expliquer et de rendre sensible le procédé de la division, ne doivent pas être employées dans la pratique ; elles ne feroient qu'embarrasser la marche de l'opération, qui doit être prompte et facile.

On remarquera d'ailleurs, que, réduire 5 mille en centaines qu'on ajoute aux 4 du dividende partiel, revient à écrire 5 à la gauche de 4, pour compter 54 centaines.

en contient un autre, et à partager un nombre en tant de parties égales qu'on veut ; on voit, par cet exemple, que cette opération sert encore à déterminer la valeur d'une partie quelconque d'un nombre.

61. *Quatrième Question.* On a calculé qu'une jeune Demoiselle a 5475 jours d'existence ; on demande les années de son âge, en supposant que l'année est composée de 365 jours seulement.

Puisque 365 jours valent une année, 5475 jours vaudront autant d'années que 5478 renferment de fois 365; il faut donc, pour résoudre la question, diviser 5475 par 365.

En opérant suivant la règle ordinaire, on trouvera que cette Demoiselle a 15 ans.

5475	365
365	15
1825	
1825	
0000	

62. *Cinquième Question.* On demande combien 23760 deniers valent de livres tournois ?

La livre tournois vaut 240 deniers; ainsi le nombre de deniers 23760 vaut autant de livres tournois qu'il renferme de fois 240; il faut donc, pour satisfaire à la question, diviser 23760 par 240.

23760	240
2160	99
2160	
2160	
0000	

63. *Sixième Question.* Combien 2801664 grains valent-ils de livres-poids (ancien poids) ?

Il faut 9216 grains pour faire une livre-poids;

ainsi le nombre de grains 2801664 vaut autant de livres-poids qu'il contient de fois 9216 ; la question exige donc qu'on divise 2801664 par 9216.

```
2801664 { 9216
27648   { 304
-------
 36864
 36864
-------
 00000
```

64. *Septième Question.* Trouver la valeur de 40896 pouces en toises (ancienne mesure de longueur).

On observera qu il faut 72 pouces pour faire une toise ; que, par conséquent, un nombre de pouces quelconque vaut autant de toises qu'il renferme de fois 72 ; et qu'ainsi, en divisant 40896 par 72, le quotient répondra à la question.

```
40896 { 72
360   { 568
-----
 489
 432
-----
  576
  576
-----
  000
```

65. *Huitième Question.* Evaluer 214272 litrons en muids de Paris (ancienne mesure de capacité).

Pour évaluer un nombre de litrons en muids, ou pour déterminer combien il vaut de muids, on considérera qu'il faut 2304 litrons pour faire un muid, et que, par conséquent, la division de 214272 par 2304, donnera la quantité de muids que le nombre de litrons proposé renferme, ou sa valeur en muids.

```
214272 { 2304
20736  { 93
------
  6912
  6912
------
  0000
```

66. *Neuvième Question.* Le diamètre du Soleil est de 323155 lieues (anciennes), et celui de la

Terre de 2865; on demande combien le premier contient de fois le second?

Puisqu'il s'agit de trouver combien de fois un nombre en contient un autre, c'est par division qu'il faut opérer (51). On divisera donc 323155 par 2865, et le quotient 112 $\frac{2275}{2865}$ fera connoître que le diamètre du Soleil contient celui de la Terre un peu plus que 112 fois, ou qu'il est, en nombre entier, 112 fois plus grand.

Dividende	Diviseur
323155	2865
2865	112 $\frac{2275}{2865}$
3665	
2865	
8005	
5730	
2275	

De la Preuve de la Multiplication.

67. Nous avons différé jusqu'à ce moment à parler de la preuve de la multiplication, parce qu'elle se fait par la division, dont il falloit auparavant exposer la méthode.

Le produit d'une multiplication n'étant autre chose que le multiplicande répété autant de fois que le multiplicateur l'indique (27), il s'ensuit que, dans une multiplication quelconque, le produit renferme le multiplicande, autant de fois que l'indique le multiplicateur; et que, par conséquent, en divisant le produit par le multiplicande, on doit avoir le multiplicateur pour quotient.

Si ce quotient se trouvoit être un autre nombre

que le multiplicateur, ce seroit une preuve que la multiplication auroit été mal faite, et il faudroit la recommencer.

De la Preuve de la Division.

68. Quant à la preuve de la division, elle peut se faire par la multiplication : on multiplie le diviseur par le quotient, et le produit doit être égal au dividende, si la division a été bien faite.

En effet, le quotient devant exprimer combien de fois le diviseur est contenu dans le dividende, ou combien de fois il faudroit prendre ou répéter le diviseur, pour qu'il devînt égal au dividende, il s'ensuit que la multiplication du diviseur par le quotient, doit reproduire le dividende.

Nous allons exposer et démontrer plusieurs principes relatifs à la multiplication et à la division, dont l'application est tellement fréquente en arithmétique, et qui servent au développement et à l'intelligence d'un si grand nombre de propositions, qu'il est de première nécessité de se les rendre familiers.

EXPOSITION DE DIVERS PRINCIPES ESSENTIELS.

69. Premier principe. *En divisant le produit d'une multiplication par l'un de ses facteurs, il vient l'autre au quotient.*

Démonstration (*a*). Dans toute multiplication, le produit peut toujours être considéré indistinctement (31) comme l'un de ses facteurs, répété un nombre de fois déterminé par l'autre; il contient donc chacun de ces facteurs autant de fois que l'autre l'indique; et ainsi, en le divisant par l'un d'eux, il vient nécessairement l'autre au quotient.

70. Il suit de là, 1°. qu'étant donné le produit et l'un des facteurs d'une multiplication, on peut facilement trouver l'autre; car il suffit pour cela de diviser le produit par le facteur connu;

2°. Que, pour faire la preuve d'une multiplication, on peut diviser le produit par l'un de ses facteurs, car on a l'autre au quotient, si la multiplication est bonne.

71. Deuxième Principe. *Le produit d'une multiplication augmente dans la même proportion que l'un de ses facteurs.*

Démonstration appliquée à un exemple. Soit le nombre 6 à multiplier par 4; je dis qu'en doublant, triplant, etc., l'un de ces facteurs, le produit 24 deviendra également double, triple, etc., et sera 48, 72, etc.

(*a*) On entend par *Démonstration*, en mathématiques, une suite de raisonnemens rigoureux, déduits les uns des autres, et qui conduisent à l'évidence d'une vérité dont on se propose de pénétrer les esprits.

Car si c'est sur le multiplicande 6 que porte l'augmentation, il est clair que le produit d'une multiplication n'étant que le multiplicande répété, ce résultat doublera, triplera, etc., si le nombre répété est rendu double, triple, etc.

Il en sera de même si c'est le multiplicateur qui est doublé, triplé, etc., puisque dans ce cas, le multiplicande sera répété un nombre de fois double, triple, etc.

72. Troisième Principe. *Le produit d'une multiplication diminue dans la même proportion que l'un de ses facteurs.*

Démonstration appliquée à un exemple. Soit le nombre 12 à multiplier par 8; je dis qu'en réduisant l'un de ces deux facteurs à la moitié, au quart, etc., le produit 96 se réduira également à la moitié, au quart, etc., c'est-à-dire à 48, 24, etc.

Car si c'est sur le multiplicande 12 que se fait la réduction, il est évident que le produit de la multiplication n'étant autre chose que le multiplicande répété, ce résultat se réduira à la moitié, au quart, etc., si le nombre répété est rendu deux fois, quatre fois, etc. plus petit.

Et il en sera de même si c'est le multiplicateur qu'on réduit à la moitié, au quart, etc., puisque, dans ce cas, le multiplicande sera deux fois, quatre fois, etc., moins répété.

73. *Quatrième Principe.* Puisque, dans un nombre entier écrit, un chiffre placé au premier rang à droite représente des unités simples (7); qu'au second rang, il représente des dixaines; au troisième rang, des centaines, au quatrième, des milles, etc., il s'ensuit que, *pour rendre un nombre de dix en dix fois plus grand, il suffit d'écrire successivement zéro à la suite.*

Démonstration. Par exemple, en écrivant zéro une fois à la suite du nombre, le chiffre des unités simples qui étoit au premier rang, monte au second et représente des dixaines; le chiffre des dixaines, qui étoit au deuxième rang, monte au troisième et représente des centaines; le chiffre des centaines qui étoit au troisième rang, monte au quatrième et représente des milles, et ainsi de suite; chacune des parties qui composent le nombre est donc rendue dix fois plus grande, et par conséquent le nombre lui-même est multiplié par 10.

On se convaincra par un raisonnement semblable, qu'en écrivant deux, trois, etc. zéros à la suite d'un nombre, ce nombre se trouvera multiplié par cent, par mille, etc., parce que, dans ce cas, chaque chiffre montant de deux, de trois rangs, etc., vers la gauche, la partie du nombre total qu'il représente, sera rendue cent fois, mille fois plus grande; et que, par conséquent, le nombre total lui-même se trouvera multiplié par 100, par 1000, etc.

74. Il suit delà que, si l'on avoit deux nombres terminés par des zéros, à multiplier l'un par l'autre, on pourroit, pour simplifier l'opération, *supprimer les zéros dans l'un et dans l'autre facteur, faire ensuite la multiplication, et écrire à la suite du produit, autant de zéros qu'il y en avoit dans les deux facteurs ensemble.*

Démonstration. Car, par exemple, si le multiplicande étoit terminé par deux zéros, et le multiplicateur par un, il est clair que, par la suppression des deux zéros du multiplicande, le produit seroit rendu cent fois trop petit (72) et réduit au centième; et que, par la suppression du zéro du multiplicateur, ce même produit, déjà réduit au centième, seroit encore rendu dix fois plus petit (72) ou réduit au millième. Il faudroit donc, pour le rendre tel qu'il devroit être, le multiplier par 1000; c'est-à-dire, mettre trois zéros à sa suite (73).

S'il n'y avoit qu'un des facteurs qui fût terminé par des zéros, on pourroit également, et suivant le même principe, les supprimer pour les écrire, après l'opération, à la suite du produit.

75. Puisqu'on rend un nombre de dix en dix fois plus grand, en écrivant successivement zéro à sa suite, il est évident que, par la raison contraire, il devient de dix en dix fois plus petit, par la suppression successive d'un des zéros qui le termineroient, et que, par conséquent, *pour*

le diviser par 10, 100, 1000, etc.; *il suffiroit d'en supprimer un, deux, trois, etc. zéros.*

76. Cinquième Principe. *Le quotient d'une division augmente ou diminue dans la même proportion que le dividende.*

Démonstration. Le quotient exprime combien de fois le dividende contient le diviseur (45), ou, ce qui est la même chose, est composé d'autant d'unités que le dividende contient de fois le diviseur; ce nombre d'unités doit donc augmenter ou diminuer, selon que le dividende contient plus ou moins de fois le diviseur, c'est-à-dire, dans la même proportion que le dividende augmente ou diminue.

On conçoit que, pour la même raison, le dividende doit réciproquement augmenter ou diminuer dans la même proportion que le quotient.

77. Sixième Principe. *Le quotient d'une division augmente ou diminue, en raison inverse du diviseur.*

Démonstration. Le diviseur est contenu plus ou moins de fois dans le dividende, selon qu'il est plus petit ou plus grand; le quotient exprimant ce nombre de fois, sera donc d'autant plus grand ou plus petit, que le diviseur sera plus petit ou plus grand, c'est-à-dire qu'il augmentera ou diminuera en raison inverse du diviseur.

78. Par une raison semblable, on se convain-

era que *le diviseur augmente ou diminue en raison inverse du quotient.*

79. Ainsi, on voit que *ces deux nombres sont en raison inverse l'un de l'autre ;* ce qui signifie que l'un augmente ou diminue, selon que l'autre diminue au contraire, ou augmente.

80. Septième Principe. *En multipliant ou en divisant par un même nombre le dividende et le diviseur d'une division, on ne change rien au quotient.*

Démonstration. Car ces deux nombres augmentant, dans ce cas, ou diminuant dans une égale proportion, le dividende, après l'opération, ne doit contenir le diviseur ni plus ni moins de fois qu'avant ; et le quotient qui exprime ce nombre de fois, doit par conséquent rester le même.

81. On doit conclure de ce principe, que *lorsqu'on a à diviser l'un par l'autre, deux nombres terminés par des zéros, on peut, pour simplifier l'opération, et sans craindre de rien changer au quotient, supprimer dans l'un et dans l'autre, un même nombre de zéros;* car ce sera les diviser tous deux par 10, 100, 1000, etc. (75), selon qu'on aura supprimé dans chacun, un, deux, trois, etc., zéros.

DES FRACTIONS.

82. Si l'on imagine l'unité, partagée en plu-

sieurs parties égales, une ou plusieurs de ces parties formeront ce qu'on appelle une *Fraction*.

83. Pour représenter une fraction, il faut deux nombres qu'on écrit au-dessous l'un de l'autre, et qu'on sépare par un trait.

Le nombre supérieur s'appelle *numérateur*, et le nombre inférieur se nomme *dénominateur*.

84. Le dénominateur marque en combien de parties égales on a partagé l'unité; et le numérateur exprime combien la fraction renferme ou vaut de ces parties.

Ainsi, en supposant que l'unité a été partagée en 24 parties égales, et que la fraction en renferme 12, le dénominateur sera 24, et le numérateur 12, et on écrira $\frac{12}{24}$ qu'on prononcera douze vingt-quatrièmes.

Mais, dans ce cas, le numérateur contiendra la moitié du dénominateur, en même temps que la fraction vaudra une demie, puisqu'elle renfermera 12 des 24 parties égales, en lesquelles on suppose que l'unité a été partagée.

Et l'on remarquera que si, dans ce même exemple, le numérateur, au lieu d'être 12, étoit 8, 6, 4, etc., il ne contiendroit plus que le tiers, le quart, le sixième, etc., du dénominateur 24, en même temps que la fraction seroit égale à un tiers, un quart, un sixième, etc., puisqu'elle ne renfermeroit plus que le tiers, le quart, le sixième, etc., des 24 parties de l'unité.

85. D'où l'on peut conclure que *la valeur*

d'une fraction dépend du nombre de fois que le numérateur contient le dénominateur; en sorte qu'elle est égale à une demie, un tiers, un quart, etc., quand le numérateur contient le dénominateur une demi-fois, un tiers de fois, un quart de fois, etc., ou qu'il en est la moitié, le tiers, le quart, etc.

Et qu'elle vaut, au contraire, 1, 2, 3, 4, etc. quand le numérateur renferme le dénominateur une fois, deux fois, trois fois, quatre fois, etc.

Mais, dans ce dernier cas, c'est une fraction improprement dite, puisque, suivant la nature et la définition de la fraction, elle est plus petite que l'unité.

86. On a vu par la manière dont nous avons dit (84) qu'on devoit prononcer $\frac{12}{14}$, que, pour énoncer une fraction, on commence par le numérateur, et qu'après avoir énoncé le dénominateur, on ajoute la terminaison *ième;* ainsi, pour énoncer $\frac{4}{9}$, $\frac{16}{37}$, $\frac{15}{202}$, on dira : quatre neuvièmes, seize trente-septièmes, quinze deux cent deuxièmes.

Il faut cependant excepter de cette règle les fractions dont le dénominateur est 2, ou 3, ou 4, qu'on prononce demi, demie ou moitié, tiers et quart, les fractions $\frac{1}{2}$, $\frac{2}{3}$, $\frac{3}{4}$, se prononceront donc, un demi, une demie ou moitié, deux tiers, trois quarts.

87. La valeur d'une fraction dépendant du nombre de fois que le numérateur contient le

dénominateur (85), il s'ensuit que, pour l'obtenir, il faut diviser le numérateur par le dénominateur ; et que, par conséquent, une fraction peut être considérée comme une division indiquée, dont le numérateur est le dividende ; le dénominateur le diviseur ; et la valeur le quotient.

88. Appliquant donc aux fractions les principes de la division, on pourra dire : 1°. que *la valeur d'une fraction augmente ou diminue dans la même proportion que le numérateur* (71 et 72);

2°. Qu'*elle augmente au contraire ou diminue, en raison inverse du dénominateur* (77) ; et que, par conséquent, *pour multiplier une fraction, il faut multiplier le numérateur, ou diviser le dénominateur* ; et que, *pour la diviser, il faut diviser le numérateur ou multiplier le dénominateur.*

3°. Qu'*on peut, sans changer la valeur d'une fraction, multiplier ou diviser ses deux termes par le même nombre* (80).

89. Puisqu'une fraction peut être considérée comme une division indiquée (87), on peut réciproquement donner à une division l'expression d'une fraction, ou la représenter sous la forme d'une fraction ; ainsi, pour marquer, par exemple, qu'on a 25 à diviser par 8, on pourra écrire $\frac{25}{8}$; et c'est ce qui se pratique en effet, toutes les fois que le dividende se trouvant plus petit que le diviseur, la division ne peut pas s'effectuer.

Car s'il s'agissoit, par exemple, de diviser 1 par 4, comme le dividende 1 se trouveroit plus petit que le diviseur 4, on écriroit $\frac{1}{4}$, qu'on devroit considérer comme le quotient de la division de 1 par 4, et qui le seroit réellement, puisque 1 renferme 4 un quart de fois, ou qu'il en contient le quart.

Et c'est ce qui explique pourquoi nous avons dit (54) qu'un reste de division devoit s'écrire avec le diviseur, à la suite du quotient, sous une forme qu'on voit à présent être celle d'une fraction.

Car la division ne pouvant pas toujours se faire sans reste, comme il arrive toutes les fois que le dividende ne renferme pas le diviseur un nombre entier de fois exactement, si l'on négligeoit ce reste, sans y avoir aucun égard, il s'ensuivroit que le dividende n'auroit pas été divisé en entier, et qu'il s'en faudroit ce reste ; on doit donc, pour éviter cette inexactitude et compléter le quotient de la division, diviser aussi le reste ; mais comme nécessairement il est toujours plus foible que le diviseur (57), on l'écrit avec ce dernier sous une forme fractionnaire, comme nous l'avons dit.

90. Les fractions sont susceptibles de deux sortes d'opérations : les unes leur sont propres et se nomment *réductions ;* les autres leur sont communes avec les nombres entiers, c'est-à-dire qu'on les additionne, qu'on les soustrait, qu'on les multiplie, etc.

DES RÉDUCTIONS DE FRACTIONS.

91. Nous distinguerons quatre espèces de réductions.

1°. *Réductions de fractions à leur plus simple expression.*
2°. *Réductions de fractions au même dénominateur.*
3°. *Réductions de fractions en entiers.*
4°. *Réductions d'entiers en fractions.*

92. *Pour réduire une fraction à sa plus simple expression* (a), *il faut diviser chacun des deux termes par leur plus grand diviseur commun.*

Car le diviseur étant commun à l'un et à l'autre terme, la valeur de la fraction n'en éprouve aucun changement (88); et étant en même temps le plus grand possible, ces mêmes termes se trouvent réduits à la moindre expression dont ils soient susceptibles.

93. Mais on ne voit pas toujours au premier coup-d'œil, quel est le plus grand diviseur commun de deux nombres; on a donc besoin d'une méthode pour le trouver : nous allons l'exposer.

Il faut diviser le plus grand des deux termes par le plus petit; s'il y a un reste, on procède à une seconde, et même, s'il est nécessaire, à un

---

(a) C'est-à-dire pour l'exprimer en nombres les plus petits possibles, en lui conservant la même valeur.

plus grand nombre d'autres divisions successives, qui ont chacune pour dividende et pour diviseur le diviseur et le reste de la précédente division ; on s'arrête à celle de ces divisions qui a pu se faire exactement et sans reste, et c'est son diviseur qui est le plus grand diviseur commun des deux termes de la fraction.

Si l'on arrive à une division, dont le diviseur se trouve être l'unité, ce sera une preuve que la fraction ne pourra pas être réduite, et il faudra lui laisser ses termes tels qu'ils sont.

94. *Première Question.* Proposons-nous de réduire à sa plus simple expression la fraction $\frac{7520}{18048}$.

Je commence par chercher le plus grand diviseur commun de ses deux termes ; et à cet effet,

$$\begin{array}{r} 18048 \\ 15040 \\ \hline 3008 \end{array} \left\{ \begin{array}{r} 7520 \\ \hline 6016 \\ \hline 1504 \end{array} \right. \left\{ \begin{array}{r} 3008 \\ \hline 3008 \\ \hline 0000 \end{array} \right. \left\{ \begin{array}{r} 1504 \\ \hline \end{array} \right.$$

je divise d'abord le plus grand terme 18048, par le plus petit 7520 ; j'ai 2 pour quotient que je garde dans ma mémoire sans l'écrire, et 3008 pour reste ; je divise le diviseur 7520 de cette première division, par le reste 3008 ; le quotient est 2, et le reste 1504, par lequel je divise le diviseur 3008 de la deuxième division, j'ai pour quotient 2, et cette troisième division ne laissant point de reste, je m'y arrête, et j'en conclus que son diviseur 1504 est le plus grand diviseur commun des deux termes de la fraction $\frac{7520}{18048}$.

En effet il divise 3008 exactement, comme nous venons de le voir dans la dernière division de recherche; donc il divisera aussi 7520, qu'on a vu être composé du double de 3008 et de 1504; et s'il divise 3008 et 7520, il divisera donc aussi 18048, qui est composé de 2 fois 7520 et de 3008; donc il est d'abord diviseur commun des deux termes de la fraction.

Mais il est encore le plus grand diviseur commun que ces deux termes puissent avoir; car tout diviseur qui sera commun à 18048 et à 7520, le sera aussi à 7520 et à 3008, puisque 18048 se compose du double de 7520 ajouté à 3008; et il ne peut y en avoir un qui soit commun à 7520 et à 3008, sans l'être en même temps à 3008 et à 1504, puisque 7520 se compose de la somme du double de 3008 et de 1504; mais le plus grand diviseur commun de ces deux derniers nombres est évidemment 1504; donc 1504 est également le plus grand diviseur commun de 3008 et de 7520, de 7520 et de 18048.

Je divise donc chacun des deux termes de la fraction proposée $\frac{7520}{18048}$, par 1504, et j'ai $\frac{5}{12}$ pour cette même fraction réduite à sa plus simple expression.

95. Quoique le moyen que nous venons de proposer pour réduire une fraction à sa plus simple expression, soit le plus rigoureux et le plus direct, cependant comme, le plus souvent, il seroit long et embarrassant dans la pra-

tique, ce n'est pas celui qu'on emploie ordinairement.

On se contente de diviser d'abord continuellement par 2, le numérateur et le dénominateur de la fraction à réduire, jusqu'à ce que cette division ne puisse plus se faire.

On tente ensuite la division par 3, qu'on répète aussi, tant qu'elle est possible.

On fait successivement le même essai, avec 5, 7, 11, 13, 17, etc.; c'est-à-dire, avec les nombres qui n'ont d'autre diviseur qu'eux-mêmes et l'unité, et qu'on appelle *nombres premiers*.

Mais pour s'épargner des tentatives inutiles, on remarquera : 1°. qu'un nombre ne peut se diviser par 2, s'il n'est pair.

2°. Qu'il est divisible par 3 et par 9, toutes les fois qu'en ajoutant ensemble les unités de différens ordres qui le composent, comme si elles étoient des unités d'un seul ordre, leur somme peut se diviser par 3 ou par 9.

3°. Qu'on peut toujours le diviser par 5, quand le chiffre qui le termine est 5 ou 0.

95. *Deuxième Question.* On veut réduire la fraction $\frac{252}{336}$ à sa plus simple expression.

Les deux termes de la fraction étant pairs, je les divise d'abord par 2, et j'ai $\frac{126}{168}$.

Les deux termes de cette deuxième fraction étant encore pairs, je continue la division par 2, et j'ai $\frac{63}{84}$.

L'un des deux termes de cette troisième fraction

étant impair, ils ne peuvent avoir 2 pour diviseur commun ; j'interromps donc la division par 2.

Et m'apercevant qu'en ajoutant ensemble, comme unités d'un seul ordre, les 6 dixaines et les 3 unités simples du numérateur, leur somme 9 peut se diviser par 3 ; que, pareillement, en additionnant les 8 dixaines et les 4 unités simples du dénominateur, leur somme 12 peut aussi se diviser par 3, j'en infère que ces deux termes eux-mêmes sont chacun divisibles par 3; j'effectue donc la division, et j'ai $\frac{21}{28}$.

Je remarque qu'il est inutile de tenter de nouveau la division par 3, parce que la somme des unités de différens ordres de chacun des termes de cette quatrième fraction n'est pas divisible par ce nombre ; qu'il n'y a que celle du numérateur.

Je n'essaie pas non plus la division par 5, parce que chacun des deux termes n'est pas terminé par 5 ou par 0.

Je passe à la division par 7, elle réussit, et j'ai $\frac{3}{4}$ pour l'expression la plus simple à laquelle on puisse réduire la fraction $\frac{252}{336}$.

En s'exerçant sur les fractions $\frac{50}{100}$, $\frac{308}{462}$, $\frac{819}{1365}$, $\frac{306}{357}$, $\frac{133}{152}$, $\frac{403}{527}$, on trouvera que, réduites à leur plus simple expression, elles se changent en celles-ci : $\frac{1}{2}$, $\frac{2}{3}$, $\frac{3}{5}$, $\frac{6}{7}$, $\frac{7}{8}$, $\frac{13}{17}$.

96. La raison pour laquelle nous prescrivons de ne tenter les divisions que par la suite des nombres premiers, c'est qu'après avoir épuisé ces divisions par 2, 3, 5, etc., il devient inutile

de les essayer par 4, 6, 8, 10, etc., c'est-à-dire, par des nombres ou doubles, ou triples, etc. Car si ces divisions ne sont plus praticables dans le premier cas, à plus forte raison ne le sont-elles pas dans le second.

97. Nous observerons que, dans les tentatives de divisions prescrites pour la réduction des fractions à leur plus simple expression, il n'est pas de rigueur de s'assujétir à l'ordre que nous avons indiqué; et qu'au lieu de commencer ces essais par 2, pour les continuer par la suite des nombres premiers, il est loisible et même préférable de les commencer par de plus forts diviseurs qui conduiront plus rapidement au but; mais il faut auparavant être assuré que la division par ces diviseurs doit réussir.

98. *Troisième Question.* Par exemple, si l'on proposoit de réduire la fraction $\frac{27450}{48150}$ à sa plus simple expression,

On remarqueroit d'abord, que les deux termes étant terminés par 0, on peut de suite commencer la division par 10; ainsi on supprimeroit le 0 qui termine chacun des deux termes (81), et on écriroit $\frac{2745}{4815}$.

On verroit ensuite que les unités de différens ordres dont se compose chacun des termes de cette deuxième fraction, étant additionnées comme si elles étoient des unités d'un seul et même ordre, donnent une somme divisible par 9, on en concluroit donc que les termes eux-mêmes peuvent se diviser par 9 (95).

On feroit la division par ce nombre, et l'on auroit la 3e. fraction $\frac{305}{535}$, dont on apercevroit que les deux termes, terminés par 5, sont par conséquent divisibles par ce nombre (95).

On effectueroit cette division, et l'on auroit $\frac{61}{107}$ pour la plus simple expression à laquelle puisse être réduite la fraction primitive $\frac{27450}{48150}$; puisque le numérateur 61, et même aussi le dénominateur 107, ne sont divisibles ni par 2, ni par aucun des autres nombres premiers.

99. *Pour réduire plusieurs fractions au même dénominateur, il faut multiplier les deux termes de chacune par le produit des dénominateurs de toutes les autres.*

Par ces opérations, la valeur des fractions n'est point changée, puisque les deux termes de chacune sont multipliés par un même nombre (88), savoir, par le produit des dénominateurs des autres; et chaque nouveau dénominateur devient nécessairement le même pour toutes, car il se compose du produit des dénominateurs primitifs.

On conçoit que si les fractions à réduire sont au nombre de deux seulement, l'opération se bornera à multiplier les deux termes de chacune, par le dénominateur de l'autre.

100. *Première Question.* Réduire les fractions $\frac{3}{4}$ et $\frac{5}{7}$ au même dénominateur.

Je multiplie chacun des termes 3 et 4 de la première fraction par le dénominateur 7 de la deuxième, et chacun des termes 5 et 7 de la deuxième, par le dénominateur 4 de la première ; et j'ai les nouvelles fractions $\frac{21}{28}$ et $\frac{20}{28}$, qui sont respectivement égales aux fractions primitives $\frac{3}{4}$ et $\frac{5}{7}$, et qui, de plus, ont le même dénominateur.

101. *Deuxième Question.* Réduire les trois fractions $\frac{2}{3}$, $\frac{1}{4}$ et $\frac{4}{5}$ au même dénominateur.

Multipliez, 1°. les deux termes de la première de ces trois fractions, par le produit 20 des dénominateurs des deux autres ;

2°. Les deux termes de la seconde, par le produit 15 des dénominateurs de la première et de la troisième.

3°. Les deux termes de la troisième par le produit 12 des dénominateurs des deux premières, et les trois nouvelles fractions $\frac{40}{60}$, $\frac{45}{60}$ et $\frac{48}{60}$ rempliront le but de la question.

102. *Troisième Question.* On demande quelle est la plus forte des deux fractions $\frac{17}{59}$ et $\frac{8}{11}$.

On ne pourra comparer ensemble ces deux fractions, pour savoir laquelle des deux est la plus grande, qu'autant qu'elles auront un dénominateur commun ; je commence donc par les y réduire ; et cette opération me donnant $\frac{407}{649}$ à la place de la première ; et $\frac{472}{649}$ à la place de la seconde, je vois que des deux fractions proposées, c'est $\frac{8}{11}$ qui est la plus grande, ou qui a le plus de valeur.

103. *Pour réduire une fraction en entiers, on divise le numérateur par le dénominateur.*

Car la valeur d'une fraction dépendant du nombre de fois que le numérateur contient le dénominateur (85), il est clair qu'on ne peut obtenir cette valeur que par la division du numérateur par le dénominateur.

104. *Première Question.* Une opération faite sur des fractions, a donné pour résultat la fraction improprement dite $\frac{84}{12}$; on demande la valeur de cette fraction en nombre entier.

Il faut, comme nous venons de le dire, diviser le numérateur 84 par le dénominateur 12; et le quotient de cette division marquera que la fraction vaut 7 entiers.

104. *Deuxième Question.* Extraire les entiers que renferme la fraction improprement dite $\frac{130}{11}$.

On divisera le numérateur 130 par le dénominateur 11, et le quotient 11 $\frac{9}{11}$ fera connoître que la fraction $\frac{130}{11}$ renferme ou vaut 11 entiers plus $\frac{3}{11}$.

105. *Pour réduire un entier en fraction, il faut multiplier l'entier par le dénominateur qu'on veut donner à la fraction, et écrire sous le produit ce même dénominateur.*

Cette opération n'étant autre chose que la multiplication et la division tout ensemble de l'entier, par un même nombre, il est évident qu'elle ne change rien à l'entier, et qu'il conserve la même valeur dans sa réduction en fraction, quoique sous une forme différente.

106. *Première Question.* Réduire 4 en cinquièmes.

Multiplier 4 par le nombre 5 que vous voulez donner pour dénominateur à la fraction ; écrivez sous le produit ce même dénominateur, et vous aurez $\frac{20}{5}$ pour le nombre entier 4, réduit en cinquièmes.

En réduisant effectivement cette fraction en entiers, par la division du numérateur (103) 20, par le dénominateur 5, on voit qu'il vient 4 au quotient.

107. *Deuxième Question.* Faire des sixièmes avec 3 entiers.

Il faut réduire 3 en sixièmes, et par conséquent multiplier 3 par 6, et donner 6 pour dénominateur au produit 18, ce qui fera $\frac{18}{6}$.

108. *Troisième Question.* On demande combien le nombre entier 9 vaut de septièmes?

En multipliant 9 par 7, et en donnant 7 pour dénominateur au produit 63, on verra que 9 entiers valent $\frac{63}{7}$.

De l'Addition des Fractions.

109. Pour additionner des fractions, on commence par les réduire au même dénominateur, si elles n'y sont pas déjà réduites ; on ajoute ensuite les numérateurs ensemble, et on donne à la somme le dénominateur commun.

110. Dans cette opération, la réduction préa-

lable au même dénominateur est nécessaire, parce qu'on ne peut ajouter ensemble que des quantités de même espèce ; et qu'il n'est pas plus possible, par exemple, d'ajouter des tiers avec des quarts, que des francs avec des centimes, ou des pieds avec des pouces.

111. *Première Question.* On demande la somme des deux fraotions $\frac{3}{5}$ et $\frac{6}{7}$.

On réduira ces deux fractions au même dénominateur, et on aura $\frac{21}{35}$ et $\frac{30}{35}$ (99). On ajoutera ensemble les numérateurs 21 et 30, l'on donnera à leur somme 51, le dénominateur commun 35, et l'on aura $\frac{51}{35}$ pour la somme demandée.

Mais comme cette dernière fraction est susceptible d'être réduite en entiers, puisque son numérateur est plus grand que son dénominateur (103), on fera cette réduction, qui donnera 1 $\frac{16}{35}$ en remplacement de $\frac{61}{35}$.

112. On remarquera que lorsque le résultat d'une opération présentera une fraction susceptible de quelque réduction, il ne faudra jamais omettre de faire cette réduction.

113. *Deuxième Question.* On a trois coupons de mousseline ; le premier de $\frac{1}{2}$ mètre de long, le second de $\frac{6}{7}$ de mètre, le troisième de $\frac{8}{9}$ de mètre ; on demande combien tout cela fait de mètres et de parties de mètre ?

Pour résoudre cette question, il faut additionner les trois fractions $\frac{1}{2}$, $\frac{6}{7}$ et $\frac{8}{9}$. On commencera donc par les réduire au même dénominateur, et on aura $\frac{63}{126}$, $\frac{108}{126}$ et $\frac{112}{126}$; on ajoutera ensemble les trois numérateurs 63, 108 et 112, et donnant à leur somme 283 le dénominateur commun 126, on aura pour réponse à la question $\frac{283}{126}$ de mètre, ou en réduisant en entiers (108), 2 mètres $\frac{31}{126}$.

114. *Troisième Question.* Quelle est la somme des trois nombres fractionnaires 49 $\frac{3}{4}$, 27 $\frac{7}{8}$ et 18 $\frac{9}{10}$? (Un nombre est appelé *fractionnaire*, quand il se compose d'un nombre entier joint à une fraction).

Je commence par réduire au même dénominateur les trois fractions qui se trouvent jointes aux trois nombres entiers; et j'ai les nouveaux nombres 49 $\frac{240}{320}$, 27 $\frac{280}{320}$ et 18 $\frac{288}{320}$.

Et ajoutant dans ces trois nombres les entiers avec les entiers, et les fractions avec les fractions, j'ai pour la somme demandée 94 $\frac{808}{320}$; ou, en réduisant la fraction en entiers, 96 $\frac{168}{320}$; ou enfin, en réduisant cette dernière fraction à sa plus simple expression, 96 $\frac{21}{40}$.

De la Soustraction des Fractions.

115. Pour soustraire une fraction d'une autre fraction, il faut les réduire l'une et l'autre au même dénominateur, si elles en ont un différent; puis retrancher le numérateur de la fraction à soustraire, du numérateur de la fraction dont on doit soustraire, et donner au reste le dénominateur commun.

S'il s'agissoit de retrancher une fraction d'un

entier, on réduiroit l'entier en fraction de même dénomination que celle à soustraire, et l'on procéderoit, comme pour le cas d'une fraction à retrancher d'une autre fraction.

Dans cette opération, la réduction au même dénominateur n'est pas moins indispensable que dans l'addition, puisqu'il n'est pas plus possible de retrancher les unes des autres, des quantités de différente espèce, que de les additionner.

116. *Première Question.* Retrancher $\frac{3}{4}$ de $\frac{10}{11}$.

Je commence par réduire ces deux fractions au même dénominateur, puisqu'ils en ont un différent; et cette réduction me donnant $\frac{33}{44}$ et $\frac{40}{44}$, je retranche le numérateur 33 de la fraction à soustraire, du numérateur 40 de la fraction dont je dois soustraire; je donne pour dénominateur au reste 7 le dénominateur commun 44, et j'ai $\frac{7}{44}$ pour différence de $\frac{3}{4}$ à $\frac{10}{11}$.

117. *Deuxième Question.* Deux vases contiennent, le premier 2 pintes, et le second $\frac{7}{8}$ de pinte; on demande de combien ces deux vases diffèrent de capacité.

Pour trouver cette différence, il faut retrancher $\frac{7}{8}$ de 2; je commence, à cet effet, par réduire les 2 entiers en fractions de même dénomination que la fraction à soustraire; c'est-à-dire, en huitièmes; cette réduction me donne $\frac{16}{8}$ (105); et retranchant le numérateur de la fraction $\frac{7}{8}$ de celui de $\frac{16}{8}$, j'ai $\frac{9}{8}$ ou $1\frac{1}{8}$ (103) pour reste et pour la différence demandée.

118. Lorsqu'on aura une fraction à soustraire d'un nombre entier, au lieu de réduire, comme nous l'avons dit (115), la totalité du nombre entier en fraction, il sera plus simple et plus commode de n'y réduire qu'une de ses unités qu'on en distraira, et qui sera toujours assez forte pour qu'on en puisse ôter la fraction à soustraire, qui, de sa nature, est plus foible que l'unité; et après avoir fait la soustraction, on écrira à la gauche de la fraction qu'on aura eue pour reste, le nombre entier diminué de l'unité qu'on en aura distraite.

Ainsi, pour soustraire $\frac{3}{4}$ de 9, on prendra sur 9 une unité qu'on réduira en quarts, ce qui fera $\frac{4}{4}$, dont on ôtera la fraction à soustraire $\frac{3}{4}$; le reste sera $\frac{1}{4}$, à la gauche duquel on écrira 8, ce qui donnera $8\frac{1}{4}$ pour la différence de 9 à $\frac{3}{4}$.

119. *Troisième Question*. Uue demoiselle a 1 mètre $\frac{3}{10}$ de haut; et sa sœur, 1 mètre $\frac{13}{100}$; on demaude quelle est la différence de leur taille.

Réduisez $\frac{3}{10}$ et $\frac{13}{100}$ au même dénominateur, vous aurez $\frac{300}{1000}$ et $\frac{130}{1000}$; retranchez le plus foible nombre $1\frac{130}{1000}$ du plus fort $1\frac{300}{1000}$; et le reste $\frac{170}{1000}$, ou $\frac{17}{100}$ de mètre, sera la différence demandée.

De la Multiplication des Fractions.

120. La multiplication de deux fractions l'une par l'autre, se fait en multipliant numérateur par numérateur, et dénominateur par dénominateur.

En voici la démonstration appliquée à un exemple : Soient les fractions $\frac{2}{3}$ et $\frac{4}{5}$ à multiplier l'une par l'autre,

Je dis qu'il faut multiplier 2 par 4, et 3 par 5; ce qui donnera $\frac{8}{15}$ pour le produit demandé.

En effet, si j'avois $\frac{2}{3}$ à multiplier par quatre entiers, et non par $\frac{4}{5}$, j'aurois 4 fois $\frac{2}{3}$ ou $\frac{8}{3}$ (88); mais je n'ai à multiplier $\frac{2}{3}$ que par $\frac{4}{5}$, c'est-à-dire par un multiplicateur 5 fois plus petit, puisque le cinquième d'un nombre est 5 fois plus petit que ce nombre; le produit ne doit donc être que le cinquième de $\frac{8}{3}$, ou $\frac{8}{3}$ divisés par 5, ou enfin $\frac{8}{15}$ (88).

121. Si l'on avoit un entier à multiplier par une fraction, ou, ce qui est la même chose (31), une fraction par un entier, par exemple, $\frac{5}{6}$ par 3, il faudroit multiplier le numérateur 5 par le nombre entier 3, et donner au produit 15 le dénominateur 6, ce qui produiroit $\frac{15}{6}$, ou 2 $\frac{1}{2}$ (103).

122. *Première Question.* On demande quel est le produit de la multiplication de $\frac{5}{6}$ par $\frac{3}{10}$.

Multipliez l'un par l'autre les numérateurs 5 et 3 de ces deux fractions, et les dénominateurs 6 et 10, aussi l'un par l'autre, et vous aurez la fraction $\frac{15}{60}$ ou $\frac{1}{4}$ (92) pour le produit demandé.

123. *Deuxième Question.* On demande ce que produiroit la multiplication de 18 par $\frac{5}{12}$.

En multipliant le numérateur de la fraction par les 18 entiers, on aura pour réponse à la question le produit $\frac{90}{12}$; ou en réduisant en entiers (103) $7\frac{6}{12}$, ou enfin (92) $7\frac{1}{2}$.

124. On voit, par cet exemple, que l'effet de la multiplication d'un nombre par une fraction est de le diminuer, puisque la multiplication de 18 par $\frac{5}{12}$ ne produit que $7\frac{1}{2}$; et ce résultat est nécessaire; car, en se proposant de multiplier 18 par $\frac{5}{12}$, on l'a d'abord multiplié par 5; mais comme on a donné au produit, 12 pour dénominateur, et qu'on en a fait ainsi des douzièmes, ou qu'on l'a divisé par 12, il en résulte qu'on l'a d'abord rendu 5 fois plus grand, pour le rendre ensuite 12 fois plus petit; et qu'ayant par conséquent été plus divisé que multiplié, il doit se trouver, après l'opération, plus petit qu'il n'étoit avant.

De la Division des Fractions.

125. La division d'une fraction ou d'un nombre entier par une fraction, se fait en multipliant la fraction-dividende ou l'entier, par l'inverse de la fraction-diviseur; c'est-à-dire, par la fraction-diviseur, dont on a renversé l'ordre des termes, en mettant le numérateur à la place du dénominateur, et réciproquement.

Nous allons en donner la démonstration appliquée à un exemple : Soit la fraction $\frac{3}{4}$ à diviser par $\frac{2}{7}$; je dis que le quotient doit être $\frac{21}{8}$, ou $3\frac{5}{8}$, produit de $\frac{3}{4}$, par l'inverse $\frac{7}{2}$ de la fraction-diviseur $\frac{2}{7}$.

Si j'avois $\frac{3}{4}$ à diviser par 2 entiers, j'aurois $\frac{3}{8}$ (88); mais j'ai à diviser par $\frac{2}{7}$, c'est-à-dire par un diviseur 7 fois plus petit que 2, le quotient $\frac{3}{8}$ doit donc être 7 fois plus grand (77), et être par conséquent $\frac{21}{8}$ (88).

On prouveroit, par un raisonnement absolument semblable, que, si le dividende étoit un entier, il faudroit de même le multiplier par l'inverse de la fraction-diviseur.

126. Mais si l'on avoit une fraction à diviser par un entier, on a déjà vu (88) qu'il faudroit diviser le numérateur, ou multiplier le dénominateur par l'entier.

127. *Première Question.* Diviser $\frac{20}{27}$ par $\frac{5}{9}$.

Renversez l'ordre des termes de la fraction-diviseur $\frac{5}{9}$, vous aurez $\frac{9}{5}$; multipliez par $\frac{9}{5}$ la fraction-dividende $\frac{20}{27}$, et le produit $\frac{180}{135}$ ou 1 $\frac{45}{135}$ (103); ou enfin 1 $\frac{1}{3}$ (88) sera le quotient de la division de $\frac{20}{27}$ par $\frac{5}{9}$.

128. *Deuxième Question.* On demande quel est le quotient de la division de 6 entiers par $\frac{9}{10}$.

Multipliez les 6 entiers par l'inverse $\frac{10}{9}$ de la fraction-diviseur, et le produit $\frac{60}{9}$ ou 6 $\frac{6}{9}$ (103), ou enfin 6 $\frac{2}{3}$ (92) vous donnera le quotient demandé.

129. On a vu (124) que la multiplication par une fraction doit donner un produit plus foible que le multiplicande; on voit ici que la division par une fraction donne un quotient plus grand que le dividende.

La raison en est qu'en multipliant le dividende 6 par l'inverse $\frac{10}{9}$ de la fraction-diviseur, ce qui a produit $\frac{60}{9}$, on l'a multiplié par 10, pour le diviser ensuite par 9, que, par conséquent, on l'a plus multiplié qu'on ne l'a divisé, et qu'ainsi il doit se trouver après l'opération, plus grand qu'il n'étoit avant.

On remarquera que le dénominateur d'une fraction, devant toujours être plus grand que le numératenr, l'inverse de toute fraction est nécessairement d'une valeur plus forte que l'unité.

130. *Troisième Question.* Partager $\frac{18}{19}$ en 6 parties égales.

En divisant $\frac{18}{19}$ par 6, le quotient sera l'une des 6 parties égales demandées.

Et pour effectuer cette division, on divisera le numérateur 18 par 6 (88), ce qui donnera pour quotient $\frac{3}{19}$.

131. Quoique dans la division d'une fraction par un entier, on ait le choix de diviser le numérateur ou de multiplier le dénominateur par l'entier, on doit néanmoins toujours préférer de diviser le numérateur, lorsque la division peut se faire exactement, la fraction qui, dans ce cas, vient au quotient, devant en être plus réduite et plus simple.

DES FRACTIONS DE FRACTIONS.

132. Nous ne terminerons point l'article des

fractions, sans parler *des fractions de fractions*, ou des fractions composées.

Une fraction de fraction est une ou plusieurs parties d'une fraction, comme une fraction est elle-même une ou plusieurs parties de l'unité.

Ainsi la $\frac{1}{2}$ de $\frac{3}{4}$, le $\frac{1}{3}$ de $\frac{4}{7}$, les $\frac{2}{3}$ de $\frac{5}{9}$, le $\frac{1}{4}$ des $\frac{5}{6}$ de $\frac{9}{10}$ sont des fractions composées.

133. En considérant avec quelque attention la nature de ces sortes de nombres, on verra que, pour en déterminer la valeur, il ne faut que multiplier la fraction de fraction par la fraction dont elle est partie.

Par exemple, pour déterminer la valeur des $\frac{3}{4}$ de $\frac{5}{6}$, il suffira de multiplier $\frac{3}{4}$ par $\frac{5}{6}$, ce qui donnera $\frac{15}{24}$; car le $\frac{1}{4}$ de $\frac{5}{6}$ étant $\frac{5}{24}$ (88), les $\frac{3}{4}$ de $\frac{5}{6}$ devront être 3 fois $\frac{5}{24}$ ou $\frac{15}{24}$ (121).

De même, si l'on veut déterminer la valeur des $\frac{3}{4}$ des $\frac{5}{6}$ de $\frac{2}{7}$, on commencera par déterminer celle des $\frac{3}{4}$ de $\frac{5}{6}$, qui est $\frac{15}{24}$, comme nous venons de le voir; et cherchant ensuite, par le même moyen, celle des $\frac{15}{24}$ de $\frac{2}{7}$, on trouvera que $\frac{30}{168}$ ou $\frac{5}{28}$ (92), est la valeur des $\frac{3}{4}$ des $\frac{5}{6}$ de $\frac{2}{7}$.

134. Concluons donc que, *pour évaluer une suite de fractions de fractions, quelque considérable qu'elle soit, il faut multiplier les unes par les autres toutes les fractions qui la composent.*

En suivant cette règle, on trouvera que la valeur de la $\frac{1}{2}$ des $\frac{2}{3}$ des $\frac{3}{4}$ des $\frac{4}{5}$ des $\frac{5}{6}$ etc. de $\frac{7}{8}$ est le produit de $\frac{1}{2} \times \frac{2}{3} \times \frac{3}{4} \times \frac{4}{5} \times \frac{5}{6} \times \frac{7}{8}$, ou $\frac{840}{5760}$, ou enfin $\frac{7}{48}$ (92).

On trouvera de même que la $\frac{1}{2}$ des $\frac{2}{3}$ des $\frac{3}{4}$ des $\frac{4}{6}$ des $\frac{7}{8}$ de 6, est $\frac{7}{48} \times 6$, ou $\frac{42}{48}$ (121), ou enfin $\frac{7}{8}$ (92).

C'est ici le lieu d'établir quelques propositions qui dépendent en partie des fractions, et qui peuvent faire suite aux principes que nous avons exposés (nº. 69 et suivans.)

135. Quand on dit qu'un nombre est le tiers d'un autre nombre, il est bien clair que c'est comme si l'on disoit que le second vaut trois fois autant que le premier, ou qu'il le contient trois fois.

Et qu'en général, dire qu'une quantité est la moitié, le tiers, le quart, le cinquième, etc., d'une autre quantité, c'est dire que la seconde vaut deux fois, trois fois, quatre fois, cinq fois, etc. autant que la première, ou qu'elle la contient 2, 3, 4, 5, etc. fois.

Mais, lorsqu'on dit qu'un nombre est les $\frac{2}{3}$ d'un autre nombre, c'est alors comme si l'on disoit que le second vaut $\frac{3}{2}$ de fois autant que le premier, ou qu'il le contient $\frac{3}{2}$ fois; laquelle quantité de fois est déterminée, comme on voit, par l'inverse de la fraction $\frac{2}{3}$ qui exprime quelle partie du second nombre est le premier.

Car si le premier n'étoit que le $\frac{1}{3}$ du second, au lieu d'en être les $\frac{2}{3}$, nous venons de voir que, dans ce cas, le second vaudroit 3 fois autant que le premier, ou qu'il le contiendroit 3 fois; mais il est les $\frac{2}{3}$ du second, et, par conséquent, deux fois plus fort que dans le cas précédent; donc le second doit le contenir moitié moins de fois (77); c'est-à-dire $\frac{3}{2}$ fois, au lieu de 3 fois.

Et comme le raisonnement auroit été le même, quelle qu'eût été la fraction qui auroit exprimé le rapport du premier nombre au second,

136. Concluons *qu'une fraction d'un nombre est contenue dans ce nombre, autant de fois que l'indique l'inverse de cette même fraction.*

Et qu'ainsi, par exemple, les $\frac{3}{4}$, les $\frac{5}{7}$, les $\frac{11}{15}$, etc. d'un nombre, sont contenus dans ce nombre $\frac{4}{3}$ de fois, $\frac{7}{5}$ de fois, $\frac{15}{11}$ de fois, etc., ou que ce nombre les contient $\frac{4}{3}$, $\frac{7}{5}$, $\frac{5}{11}$ etc. de fois.

Nous aurons occasion de rappeler cette vérité dans la solution des questions qui regardent la règle de fausse position.

137. *Si l'on divise une quantité par un nombre, et qu'on divise le quotient par un autre nombre, le quotient de la seconde division sera égal à celui qu'on auroit eu, si l'on avoit divisé la quantité primitive par le produit des deux diviseurs.*

Démonstration appliquée à un exemple : je dis que, si l'on divise 72 par 9, et le quotient 8 par un autre nombre 4, le quotient de la seconde division sera nécessairement égal à celui qu'on auroit obtenu en divisant 72 par le produit 36, des deux diviseurs 9 et 4.

Car le quotient de 72 divisé par 36, est le trente-sixième de 72 ; or, on a également le trente-sixième de ce nombre, en le divisant d'abord par 9, ce qui en donne le neuvième, et en divisant ensuite ce neuvième par 4, puisque le quart d'un neuvième est $\frac{1}{36}$ (88).

138. Il suit de là que, dans une division proposée, on peut indifféremment diviser tout de suite par le diviseur, ou successivement par les facteurs du diviseur ; par exemple, si le diviseur est 24, on peut, au lieu de faire tout d'un coup la division par ce nombre, la faire successivement par 6 et par 4, ou par 8 et par 3 ; ou même par 2, par 3 et par 4 ; et enfin par chacun des nombres qui, multipliés les uns par les autres, reproduiroient le diviseur 24.

DES FRACTIONS DÉCIMALES.

139. Les décimales sont des fractions de l'unité, de dix en dix fois plus petites les unes que les autres.

Pour se former une idée claire des fractions décimales, il faut concevoir que, comme le mille, par exemple, est partagé en dix parties qu'on appelle centaines ; la centaine en dix parties qu'on nomme dixaines ; la dixaine en dix parties qu'on nomme unités simples ; ainsi l'unité se divise en dix parties, qu'on nomme dixièmes ; le dixième en dix parties qu'on appelle centièmes ; le centième en dix parties qu'on nomme millièmes ; le millième en dix dix-millièmes, le dix-millième en dix cent-millièmes, etc., etc.

140. Les décimales s'écrivent à la suite des

nombres entiers dont on les sépare par une virgule : le premier chiffre après la virgule, représente des dixièmes, puisque le dixième étant dix fois plus petit que l'unité, le chiffre qui l'exprime doit, suivant l'ordre général de la numération, être d'un rang plus bas vers la droite que le chiffre des unités.

Par une raison semblable, le deuxième chiffre après la virgule représente des centièmes; le troisième chiffre des millièmes; le quatrième, des dix-millièmes, etc., etc.

141. Quant à la manière de les énoncer, elle est absolument la même que pour les nombres entiers : après avoir énoncé les nombres entiers qui sont à la gauche de la virgule, on énonce les décimales de la même manière; mais on ajoute à la fin le nom des décimales de la dernière espèce.

Ainsi, pour lire le nombre 36,524, on dira : trente-six; cinq cent vingt-quatre millièmes; au lieu de dire : trente-six entiers, cinq dixièmes, deux centièmes, quatre millièmes.

Car s'il est démontré (88) qu'en multipliant les deux termes d'une fraction par un même nombre, on ne change point la valeur de la fraction, $\frac{5}{10}$ sera la même chose que $\frac{500}{1000}$; et $\frac{2}{100}$ la même chose que $\frac{20}{1000}$; ainsi 36,524 pourra s'énoncer comme nous avons dit : trente-six, cinq cent vingt-quatre millièmes.

142. On conclura de ce raisonnement, qu'*on*

ne change point la valeur d'une quantité décimale, en écrivant à la suite tel nombre de zéros qu'on veut; c'est-à-dire, par exemple, que 36,5 est absolument la même chose que 36,50, que 36,500, que 36,5000, etc., puisque $\frac{5}{10} = \frac{50}{100}$, $= \frac{500}{1000}$, $= \frac{5000}{10000}$, etc. (88).

De l'Addition des Fractions décimales.

143. Comme dans les décimales, ainsi que dans les nombres entiers, chaque dixaine d'unités d'un ordre quelconque vaut une unité de l'ordre immédiatement à gauche; et qu'ainsi, elles se comptent par dixaine, en allant de droite à gauche, la règle pour les additionner est rigoureusement la même que pour les nombres entiers.

144. *Première Question.* Quelle est la somme des nombres décimaux 24,03, 3,004, 0,6008?

J'écris ces trois nombres au-dessus les uns des autres, et de manière que, tant pour les entiers que pour les décimales, les unités d'un même ordre se trouvent placées dans une même colonne verticale;

$$\begin{array}{r} 24,03 \\ 3,004 \\ 0,6008 \\ \hline 27,6348 \end{array}$$

Et faisant l'addition comme pour les nombres entiers, je trouve pour somme demandée 27,6348; c'est-à-dire vingt-sept, six mille trois cent quarante-huit *dix millièmes.*

145. *Deuxième Question.* Trouver la somme

des quatre nombres suivans : 0,1023, 0,7, 0,09, 0,45678.

Après avoir disposé ces nombres pour l'addition, je les ajoute ensemble, suivant la règle prescrite pour les nombres entiers; et je trouve pour la somme cherchée, 1,34908; c'est-à-dire, un entier trente-quatre mille neuf cent huit *cent millièmes.*	0,1023 0,7 0,09 0,45678 ――― 1,34908

146. Il n'est pas inutile d'observer qu'au lieu de 1,34908, on pourroit dire 134908 cent millièmes, en réduisant 1 en $\frac{100000}{100000}$ auxquels il équivaut, puisque toute fraction dont le numérateur est le même que le dénominateur, est égale à 1 (85).

De la Soustraction des Fractions décimales.

147. Pour soustraire un nombre décimal d'un autre nombre décimal, on suit la même règle que pour la soustraction des nombres entiers; mais, pour plus de commodité, il sera bon d'égaliser dans les deux nombres proposés, la quantité des chiffres décimaux, en ajoutant à celui des deux qui en a le moins, un nombre suffisant de zéros; ce qui n'en changera point la valeur (143).

148. *Première Question.* On demande quel est l'excès de 0,907 sur 0,86543; ou de combien le premier de ces nombres surpasse le second?

Egalisez dans ces deux nombres la quantité de chiffres décimaux, en écrivant deux zéros à la suite de 0,907; retranchez de ce dernier nombre 0,86543; et le reste 0,04157, c'est-à-dire quatre mille cent cinquante-sept *cent millièmes*, sera l'excès de 0,907 sur 0,86543.

0,90700
0,86543
0,04157

149. *Deuxième Question.* Quelle est la différence de 1,001 à 0,9?

Egalisez dans ces deux nombres, à l'aide des zéros, la quantité des décimales; retranchez le plus petit du plus grand; et vous aurez pour la différence demandée, 0,101; c'est-à-dire cent un *millièmes*.

1,001
0,900
0,101

150. Si l'on avoit un nombre décimal à soustraire d'un nombre entier, on écriroit à la suite de l'entier, en les en séparant par une virgule, autant de zéros qu'il y auroit de décimales au nombre à soustraire, ce qui ne changeroit rien au nombre entier; et l'on opéreroit comme pour le cas d'un nombre décimal à retrancher d'un autre nombre décimal.

151. *Troisième Question.* Soustraire 0,9786 de 2?

Ecrivez quatre zéros à la suite de 2, dont vous les séparerez par une virgule; retranchez 0,9786 de 2,0000; et vous aurez pour reste de la soustrac-

2,0000
0,9786
1,0214

tion, 1,0214, c'est-à-dire un entier deux cent quatorze *dix millièmes.*

De la Multiplication des Fractions décimales.

152. On ne suit point pour la multiplication des parties décimales, une autre règle que pour la multiplication des nombres entiers ; seulement, après qu'on a obtenu le produit, il faut en séparer sur la droite, par une virgule, autant de chiffres qu'il y a de décimales, tant au multiplicande qu'au multiplicateur. En voici la démonstration appliquée à un exemple :

153. Soit le nombre 0,52 à multiplier par 0,6. Je dis que le multiplicande 0,52 ayant 2 chiffres décimaux, et le multiplicateur 0,6 en ayant un, le produit 0,312 devra en avoir trois, ou être des millièmes.

En effet, le multiplicande 0,52 ayant deux décimales, est des centièmes ; et le multiplicateur 0,6 qui en a une, est des dixièmes ; mais des centièmes multipliés par des dixièmes doivent donner des millièmes, puisque $\frac{1}{100} \times \frac{1}{10} = \frac{1}{1000}$, ou 0,001 ; donc le produit de 0,52 par 0,6 sera des millièmes, et aura par conséquent trois décimales, c'est-à-dire, autant qu'il y en a dans ces deux facteurs ensemble.

154. *Première Question.* Quel est le produit de la multiplication de 4,78 par 3,56?

Considérez ces deux nombres comme s'ils

étoient entiers et sans décimales; multipliez-les l'un par l'autre suivant les règles de la multiplication des nombres entiers; et marquez au produit quatre décimales; c'est-à-dire autant qu'il y en a dans les deux facteurs ensemble; ce qui vous donnera pour leur produit 17,0168.

```
   478
   356
  ----
  2868
 2390
1434
------
17,0168
```

155. *Deuxième Question.* Trouver le produit de la multiplication de 0,48 par 0,2.

On multipliera ces deux nombres l'un par l'autre, comme s'ils étoient entiers, et la règle prescrivant de marquer trois décimales au produit 96, qui n'a cependant que deux chiffres, on écrira 0 entre 96 et la virgule; car il faut que ce produit soit des millièmes, puisqu'il doit avoir trois décimales.

```
   48
    2
-----
0,096
```

156. *Troisième Question.* On demande quel seroit le produit de la multiplication de 0,27 par 0,003.

Je multiplie, suivant la règle, 27 par 3; j'ai 81; mais comme ce produit qui n'a que deux chiffres, doit cependant avoir cinq décimales et être des cent millièmes, j'interpose entre 81 et la virgule, trois zéros; et j'ai quatre-vingt-un cent millièmes pour le produit demandé.

```
     27
      3
-------
0,00081
```

157. Nous remarquerons, à cette occasion, que si, pour rendre un nombre entier de dix

en dix fois plus petit, il faut y supprimer successivement un des zéros qui le termineroient, on doit au contraire, pour produire le même effet sur une quantité décimale, écrire successivement zéro entre cette quantité et la virgule; et que cet effet, dans les deux cas, est une suite de ce même principe de la numération, suivant lequel un nombre devient de dix en dix fois plus petit, lorsque le chiffre qui le représente descend de rang en rang vers la droite.

De la Division des Décimales.

158. La division des décimales peut se réduire à la règle suivante :

On écrit à la suite de celui des deux nombres proposés qui a le moins de décimales, une quantité suffisante de zéros, pour que le nombre de décimales devienne le même dans chacun; on supprime la virgule dans l'un et dans l'autre; on fait ensuite l'opération comme pour les nombres entiers, et sans qu'il y ait rien à changer au quotient, puisqu'il est évident qu'un nombre décimal doit contenir un autre nombre décimal de même ordre, de la même manière qu'un nombre entier contient un autre nombre entier.

159. *Première Question.* On propose de diviser 437,0400 par 12,14.

J'écris deux zéros à la suite du diviseur, pour

qu'il ait autant de décimales que le dividende ; je fais la division, sans avoir égard à la virgule qui sépare les décimales des entiers, tant dans le dividende que dans le diviseur, et j'ai pour quotient 36.

4370400	121400
364200	36
728400	
728400	
000000	

160. *Deuxième Question.* Quel est le quotient de la division de 3 par 0,025 ?

J'écris trois zéros à la suite du dividende 3, pour que le nombre de décimales se trouve le même dans le dividende et dans le diviseur.

Je fais la division sans avoir égard à la virgule dans l'un et dans l'autre ; et je trouve 120 pour quotient de la division de 3 par 0,025.

3000	25
25	120
50	
50	
000	

161. *Troisième Question.* Trouver le quotient de la division de 0,78 par 6 ?

J'écris deux zéros à la suite du diviseur 6, afin qu'il ait autant de décimales que le dividende 0,78 ; et, après avoir supprimé la virgule dans l'un et dans l'autre nombres, il me reste 78 à diviser par 600.

780	600
600	0,13
1800	
1800	
0000	

Cette division ne pouvant pas s'effectuer, du moins en nombre entier, puisque le dividende est plus petit que le diviseur, je devrois, suivant ce qui a été dit (n°. 89), me contenter de l'indiquer, à l'aide d'une fraction qui auroit 78 pour numérateur, et 600 pour dénominateur; mais nous allons voir qu'elle peut se poursuivre au moyen des décimales.

Je dispose 78 et 600 pour la division; et comme 78 ne renferme pas 600 un nombre entier de fois, je mets zéro au quotient, ce zéro tenant le place des entiers qu'on auroit pu avoir au quotient.

J'écris zéro à la suite de 78, ce qui me donne 780; je divise ce dernier nombre par le diviseur, j'ai 1 pour quotient, et 180 pour reste; mais comme en écrivant zéro à la suite de 78, j'ai rendu ce dividende dix fois plus grand qu'il n'est, le quotient 1 se trouve aussi par là dix fois plus grand qu'il ne devroit être (75).

Je dois donc, pour le réduire à sa véritable valeur, le considérer comme 1 dixième, et ne le placer au quotient que dans le rang des dixièmes; c'est-à-dire, à la suite du zéro qui y tient la place des entiers, en l'en séparant par une virgule.

Je continue la division, et à la suite du reste 180 qui est déjà un nombre dix fois trop grand, puisqu'il est une partie de 780, j'écris 0, ce qui en fait un nombre encore dix fois et par conséquent cent fois plus grand, et me donne 1800.

Je divise 1800 par le diviseur, il vient 3 que je considère comme 3 centièmes, puisque le dividende 1800 est cent fois trop grand; je l'écris donc au quotient et à la suite du dixième qui s'y trouve déjà.

Cette dernière division s'étant faite sans reste, je finis là l'opération, et j'ai 0,13 pour quotient exact de la division de 0,78 par 6.

Mais si elle avoit laissé un reste, 0,13 n'eût exprimé la valeur exacte du quotient, qu'*à moins d'un centième près*; c'est-à-dire, que 0,13 eût été plus foible que le véritable quotient; mais qu'il n'en auroit pas différé d'un centième, puisqu'en y ajoutant ce centième, il eût été trop fort.

Dans ce dernier cas, on auroit pu, en écrivant encore zéro à la suite du reste, poursuivre la division qui auroit donné des millièmes au quotient, et par d'autres divisions successives qui auroient laissé des restes, à la suite desquels on auroit toujours écrit zéro, approcher à volonté du véritable quotient, à moins d'un dix millième, d'un cent millième, d'un millionnième, etc., etc., comme on va le voir dans la question suivante.

162. *Quatrième Question.* On demande le véritable quotient de la division de 4 par 7, à moins d'un cent millième près?

Puisque la question exige que le quotient marque des cent millièmes, et qu'il ait par conséquent cinq décimales (140), il y aura donc cinq divisions successives à faire, et cinq zéros à écrire à la suite des restes, dans le cours de ces divisions ; ainsi il est indifférent, en même temps qu'il est plus simple, de commencer par écrire ces cinq zéros à la suite du dividende 4 ; d'ailleurs, par cette disposition, 4 se trouvant multiplié par 100000, et rendu cent mille fois plus grand qu'il ne doit être, le quotient ne devra compter que pour des cent millièmes.

On divisera donc 400000 par 7 ; et on aura pour quotient 0,87142.

```
400000 | 7
35     |--------
------ | 0,87142
 50
 49
 ----
  10
   7
  ----
   30
   28
   ----
    20
    14
    ----
     6
```

On remarquera que le dividende primitif 4 n'ayant pu être divisé par 7, on a dû écrire zéro au quotient, pour y tenir la place des entiers ; et que ce même nombre 4 doit être regardé comme le premier des cinq restes qu'il devoit y avoir dans le cours de l'opération qu'on vient de faire.

163. Par ce qui vient d'être dit, on voit que tous les restes de divisions, toutes les fractions ordinaires peuvent être réduits en décimales.

164. *Dans les décimales, on peut, par le seul déplacement de la virgule, et en l'avançant de rang en rang vers la gauche, ou en la reculant vers la droite, rendre un nombre de dix en dix fois plus petit ou plus grand.*

En effet, la virgule déterminant la place des

unités simples, et tous les autres chiffres ayant des valeurs dépendantes de leur distance à cette même virgule, il est clair que, si l'on avance la virgule, d'une, de deux, de trois, etc., places vers la gauche, chaque chiffre descend d'un, de deux, de trois, etc., rangs vers la droite; et que, par conséquent, leur valeur particulière, et par suite celle du nombre général, deviennent dix, cent, mille, etc., fois plus petites.

Par la raison contraire, la valeur particulière de chaque chiffre, et par conséquent celle du nombre total, qui se compose de toutes ces valeurs particulières, devient dix, cent, mille, etc., fois plus grande, quand on recule la virgule vers la droite, d'une, de deux, de trois, etc., places.

165. On peut donc dire que *la multiplication ou la division des décimales, par* 10 *ou par tout autre nombre de dix en dix fois plus grand que* 10, *se borne au déplacement de la virgule, et ne consiste qu'à la reculer vers la droite ou à l'avancer vers la gauche, d'autant de rangs qu'il y a de zéros au multiplicateur ou au diviseur.*

166. On peut conclure de ce raisonnement que, *pour rendre un nombre entier quelconque de dix en dix fois plus petit, ou pour le diviser par* 10, 100, 1000, etc., *il suffit de séparer par une virgule, un, deux, trois, etc., chiffres, vers la droite de ce nombre, en considérant la tranche de chiffres séparée comme le numérateur d'une*

fraction, dont le dénominateur seroit le nombre même par lequel il s'agiroit de diviser le nombre proposé.

En voici la démonstration appliquée à un exemple : Soit le nombre 2468357 à rendre mille fois plus petit, ou à diviser par 1000.

Je sépare les trois derniers chiffres à droite ; je les considère comme le numérateur d'une fraction, dont le dénominateur est 1000 ; et je dis que le quotient de la division de 2468357 par 1000 est 2468 $\frac{357}{1000}$, ou, ce qui est la même chose, 2468,357.

En effet, après la séparation de 357, le chiffre des mille, 8, qui étoit au quatrième rang où il exprimoit des milles, descend au premier, et ne représente plus que des unités simples.

Chacun des autres chiffres descend pareillement de quatre rangs, et ne représente plus que des unités d'un ordre mille fois plus petit ; enfin les trois chiffres séparés 357, sont le numérateur d'une fraction dont le dénominateur est 1000, et par conséquent ne représentent plus que des millièmes ; ainsi toutes les parties du nombre total 2468357 se trouvent mille fois plus petites qu'elles n'étoient ; et par conséquent le nombre total lui-même est divisé par 1000.

On justifieroit l'opération par un raisonnement semblable, si l'on avoit eu à diviser par 10, ou par tout autre nombre de dix en dix fois plus grand que 10.

Si donc on se proposoit de diviser par 100, le nombre entier 6789, on écriroit 67,89.

Pareillement le quotient de la division de 230465 par 10000, seroit 23,0465.

Et celui de la division de 23 par 1000, seroit 0,023;

On voit dans ce dernier exemple, que, pour que 23 représentât des millièmes, il a fallu interposer un zéro entre ce nombre et la virgule.

167. Puisqu'un nombre décimal d'un seul chiffre représente des dixièmes, c'est-à-dire une fraction ordinaire, dont le dénominateur est l'unité suivie d'un zéro;

Que, composé de deux chiffres, il exprime des centièmes, ou une fraction ordinaire dont le dénominateur est l'unité, suivie de deux zéros;

Qu'avec trois chiffres, il exprime des millièmes, ou une fraction dont le dénominateur est l'unité suivie de trois zéros, et ainsi de suite,

168. On peut conclure qu'*un nombre décimal quelconque peut être considéré comme une fraction ordinaire dont le dénominateur est l'unité, suivie d'autant de zéros que ce nombre a de chiffres, et dont le numérateur est ce nombre lui-même.*

Ainsi $3,45 = 3\frac{45}{100}$; $0,2345 = \frac{2345}{10000}$; $60,007 = 60\frac{7}{1000}$; $0,0003 = \frac{3}{10000}$.

DES OPÉRATIONS DE L'ARITHMÉTIQUE.

Sur les Nombres complexes.

169. Si l'on conçoit l'unité concrète partagée en plusieurs parties égales, et chacune de ces parties subdivisée pareillement en plusieurs autres, et ainsi de suite; un nombre qui seroit composé de parties ainsi rapportées à différentes unités, seroit ce qu'on appelle un nombre complexe.

Ainsi, par exemple, la livre tournois étant partagée en 20 parties égales qu'on nomme sous, et le sou en 12 parties égales qu'on nomme deniers, un nombre composé de livres, sous et deniers, ou simplement de livres et de sous ou de deniers, ou enfin de sous et de deniers, sera un nombre complexe.

De l'Addition des Nombres complexes.

170. Pour additionner des nombres complexes, il faut, comme dans l'addition des nombres incomplexes, les écrire les uns sous les autres, mais de manière que les unités d'une même espèce se correspondent dans une même colonne verticale.

Après avoir souligné le tout, on commence l'addition par les unités de la plus petite espèce, et on en écrit la somme au dessous, si elle est insuffisante pour former une unité de l'espèce immédiatement au-dessus; mais si elle suffit pour composer une ou plusieurs unités de cette espèce supérieure, on n'écrit que l'excédent d'un nombre exact de ces mêmes unités, et on retient celles-ci pour être ajoutées, dans la colonne suivante, avec celles de leur espèce; on continue de procéder de la même manière, de colonne en colonne.

171. On propose d'ajouter ensemble les nombres complexes 34# 13ʃ 10ᵈ, 275# 7ʃ 11ᵈ, et 98# 16ʃ 8ᵈ.

Les signes #, ʃ et ᵈ qu'on voit écrits au haut de ces nombres à droite, sont une abréviation des noms *livre*, *sou* et *denier*, qu'on donne à ces différentes espèces d'unités.

Après avoir disposé ces trois nombres pour l'addition, comme on le voit ici, je cherche la somme des unités de la plus petite espèce, qui est ici celle des deniers; je trouve qu'elle est 29, et comme cette somme renferme 2 fois 12 deniers qui valent 2 sous et 5 deniers de plus; je pose cet excédant 5, et je retiens 2, qui, ajoutés dans la colonne suivante avec les unités de sous, font 18, ou 1 dixaine de sous et 8 unités; je pose les 8 unités, et je retiens la dixaine que j'ajoute à celles de la colonne; la somme est 3; et comme il faut deux dixaines de sous pour faire 1 livre, ces 3 dixaines feront 1 livre et 1 dixaine de sous; je pose la

34#	13ʃ	10ᵈ
275	7	11
98	16	8
408#	18ʃ	5ᵈ

dixaine à la gauche des 8 sous, et je retiens la livre pour être ajoutée à celles de la colonne des livres, sur laquelle j'opère comme il a été prescrit pour l'addition des nombres incomplexes; et la somme des nombres proposés est 408^{tt} 18^{s} 5^{d}.

172. *Deuxième Question.* On demande quelle est la somme des quatre nombres complexes suivans : 23$^{T.}$ 5$^{P.}$ 11$^{p.}$ 5$^{l.}$, 45$^{T.}$ 4$^{P.}$ 8$^{p.}$ 7$^{l.}$, 67$^{T.}$ 3$^{P.}$ 10$^{p.}$ 8$^{l.}$, et 89$^{T.}$ 2$^{P.}$ 9$^{p.}$ 4$^{l.}$?

Les signes T. P. p. l. signifient par abréviation, *toise*, *pied*, *pouce*, *ligne*.

La toise vaut 6 pieds, le pied 12 pouces, le pouce 12 lignes; la ligne se subdivise aussi en 12 parties qu'on appelle *points*, etc.

T.	P.	p.	l.
23	5	11	5
45	4	8	7
67	3	10	8
89	2	9	4
226	5	4	0

J'ajoute les unités de la colonne des lignes; leur somme est 24, qui compose exactement 2 pouces, sans excédant; je pose zéro, et je retiens 2 qui, avec les nombres de la colonne des pouces font 40; dans 40 pouces, il y a 3 pieds et 4 pouces de plus; je pose cet excédant 4, et je retiens 3 que j'ajoute avec les unités de la colonne des pieds; j'ai pour somme 17 pieds qui valent 2 toises et 5 pieds de plus; je pose ces 5 pieds d'excédant, et ajoutant 2 aux nombres de la colonne des toises qu'il me reste à additionner, la somme est 226.

173. *Troisième Question.* Trouver le montant des trois nombres 7$^{l.p.}$ 1$^{m.}$ 7$^{on.}$ 3$^{g.}$ 2$^{d.}$ 20^{grains},

9 l.-p. 0 m. 6 on. 5 g. 1 d. 18 grains, et 10 l.-p. 1 m. 5 on. 3 g. 1 d. 17 grains ?

Les signes l.-p. m. on. g. d., sont l'abréviation des noms *livre-poids*, *marc*, *once*, *gros*, *denier*.

l.-p.	m.	on.	g.	d.	grains
7	1	7	3	2	20
9	0	6	5	1	18
10	1	5	3	1	17
28	0	3	5	0	7

La livre-poids vaut 2 marcs, le marc 8 onces, l'once 8 gros, le gros 3 deniers, le denier 24 grains.

J'additionne les nombres de la colonne des grains ; la somme est 55, qui valent 2 deniers et 7 grains de plus ; je pose 7 et je retiens 2 qui, ajoutés aux nombres de la colonne des deniers, font 6, ou 2 gros juste, sans deniers de plus ; je pose 0, et je retiens 2 qui, avec les nombres de la colonne des gros, font 13, ou 1 once 5 gros ; je pose 5, et je retiens 1 qui, avec les nombres de la colonne des onces, fait 19, ou 2 marcs 3 onces ; je pose 3, et je retiens 2, qui ajoutés avec les marcs de la colonne suivante, en font 4, ou 2 livres ; je pose 0, et ajoutant 2 que je retiens, aux nombres de livres qu'il me reste à additionner, j'ai 28.

174. *Quatrième Question.* Quel est le total des trois nombres ci-dessous ?

muids.	setiers.	mine.	minot.	boisseaux.	litrons.
14	11	1	1	2	15
18	10	0	1	1	14
22	8	1	0	2	7
56	7	0	0	1	4

Le muid, ancienne mesure pour les matières sèches, vaut 12 setiers, le setier 2 mines, la mine 2 minots, le minot 3 boisseaux, le boisseau 16 litrons.

La somme des nombres de la colonne des litrons est 36, qui renferme 2 boisseaux et 4 litrons ; je pose 4 et je retiens 2 ; la somme des nombres de la colonne des boisseaux est 5, qui, avec 2 de retenus fait 7, ou 2 minots plus 1 boisseau; je pose 1 et je retiens 2 ; la somme des minots et 2 de retenus font 4, ou 2 mines juste; je pose o et je retiens 2 ; la somme des mines et 2 de retenus font 4, ou 2 setiers exactement ; je pose o, et je retiens 2 ; la somme des setiers et 2 de retenus font 31, ou 2 muids 7 setiers; je pose 7 et je retiens 2 qui, avec la somme des muids, font 56.

175. *Cinquième Question.* Trouver la somme des deux nombres complexes 8 mètres 6 décimètres 8 centimètres, et 14 mètres 9 décimètres 3 centimètres?

Le mètre, nouvelle mesure de longueur, se subdivise en dix décimètres, le décimètre en dix centimètres, le centimètre en dix millimètres, etc.

m. c.
8,68
14,93
23,61

Les subdivisions du mètre sont donc de dix en dix fois plus petites les unes que les autres; elles sont donc des décimales (139).

Ainsi, pour résoudre la question, il faut

écrire et additionner les nombres proposés comme des nombres décimaux, et l'on trouvera que leur somme est 23 mètres 6 décimètres et 1 centimètre, ou plutôt 23 mètres 61 centimètres, puisque la règle, pour énoncer les décimales, prescrit de les lire comme les nombres ordinaires, et d'ajouter à la fin le nom des décimales de la dernière espèce (141).

De la Soustraction des Nombres complexes.

176. Pour faire cette opération, on écrira le plus petit des deux nombres sous le plus grand, de manière que les unités d'une même espèce se trouvent placées dans une même colonne verticale; et on soulignera le tout.

On commencera la soustraction par la colonne de la plus foible espèce; et si le nombre inférieur peut se retrancher de son correspondant supérieur, on écrira le reste au-dessous; sinon, on empruntera sur le nombre de l'espèce immédiatement supérieure, une unité qui, convertie en unités de l'espèce sur laquelle on opère actuellement, et ajoutée au nombre dont on n'a pas pu soustraire, en composera un suffisant, pour que la soustraction puisse s'effectuer; et on tiendra plus foible d'une unité le nombre sur lequel on aura été obligé d'emprunter; enfin on procédera de la même manière, de colonne en colonne.

177. *Première Question.* On demande quel est l'excès de 89 liv. 15 sous 8 deniers, sur 72 l. 12 s. 7 deniers ?

Après avoir écrit le second de ces nombres sous le premier, de la manière prescrite par la règle, je commence la soustraction par la colonne des unités de la plus petite espèce, ou des deniers, pour passer ensuite successivement à celles des sous et des livres, je dis donc : 7 deniers de 8 deniers, reste 1 que je pose ; 12 sous de 15 sous reste 3, je pose 3 ; 72 livres de 89 reste 17, je pose 17.

89#	15s	8₰
72	3	1
17	12	7

J'ai donc 17# 3s. 1₰ pour l'excès de 89# 15s. 8₰ sur 72# 12s. 7₰.

178. *Deuxième Question.* Trouver la différence des deux nombres 27 toises 4 pieds 9 pouces, et 26 toises 5 pieds 6 pouces ?

Commençant la soustraction par la colonne des pouces, je dis : 6 de 9 reste 3 que je pose ; passant aux pieds, je continue : 5 de 4, cela ne se peut ; j'emprunte 1 toise qui, convertie en pieds et ajoutée aux 4 dont je n'ai pu soustraire, en fait 10, et je poursuis : 5 de 10 reste 5, je pose 5.

27T.	4P.	9P.
26	5	6
00	5	3

Je passe aux toises : 26 de 26, et non pas de 27 puisque j'ai emprunté, il reste 0 ; ainsi la différence demandée est 5 pieds 3 pouces.

179. *Troisième Question.* On demande quel

seroit le reste de 77 liv.-p. 8 onc. 1 gros 1 den. 18 grains, après en avoir ôté 48 liv.-p. 6 on. 7 g. 2 den. 16 grains?

Ayant écrit, de la manière prescrite, le dernier de ces deux nombres sous le premier, je commence la soustraction par les grains, et je dis : 16 de 18 reste 2 que je pose ; et passant successivement à chacune des autres colonnes : 2 deniers de 1 cela ne se peut ; j'emprunte 1 gros qui, avec le denier dont je n'ai pu soustraire, fait 4 deniers; je reprends : 2 deniers de 4 deniers reste 2 que je pose ; et ensuite : 7 gros de 0 cela ne se peut ; j'emprunte 1 once qui vaut 8 gros, et je poursuis : 7 gros de 8 gros reste 1 que je pose ; puis : 6 onces de 7 reste 1 que je pose ; enfin 48 liv. de 77 liv. reste 29.

lp.	on.	g.	d.	grains.
77	8	1	1	18
48	6	7	2	16
29	1	2	2	2

180. *Quatrième Question.*

	muids.	setier.	mine.	minot.	boiss.	litrons.
De. . . .	54	1	0	0	0	15
retrancher. .	34	9	1	1	2	8
	19	3	0	0	1	7

En procédant à cette soustraction suivant la règle prescrite (176), on s'apercevra, lorsqu'on sera arrivé à la colonne des boisseaux, que le nombre inférieur ne peut être retranché de son correspondant supérieur qui est 0, et que l'emprunt exigé en cas semblable ne peut se faire sur le nombre de l'espèce immédiatement supérieure qui est aussi o, ni enfin sur celui de l'espèce suivante qui est encore o.

Il faudra alors remonter jusqu'à la première des colonnes qui se trouvera avoir des chiffres significatifs, et qui est ici celle des setiers ; on empruntera sur le nombre de cette colonne une unité, qui cessera d'y compter, et qui vaut 2 mines ; et revenant sur ses pas, on laissera par la pensée 1 de ces deux mines dans la colonne de son espèce, et on réduira l'autre en minots, ce qui en fera 2, dont on laissera pareillement 1 dans la colonne des minots, pour convertir l'autre en boisseaux, ce qui en fera 3, et rendra enfin possible la soustraction qui d'abord n'avoit pas pu se faire ; en sorte que l'opération se trouvera réduite à retrancher de

	54 mu.	0 seti.	1 min.	1 mino.	3 boiss.	18 lit.
le nombre	34	9	1	1	2	8
et donnera pour reste	19	3	0	0	1	7

181. *Cinquième Question.* On demande quelle est la différence des deux nombres complexes : 24 ares 8 déciares 7 centiares, et 29 ares 6 déciares 5 centiares ?

L'are, nouvelle mesure de superficie, se divise en dix déciares ; le déciare en dix centiares, le centiare en dix milliares, etc.

Et puisque l'are se subdivise ainsi en parties de dix en dix fois plus petites les unes que les

a. c.
29,65
24,87
4,78

autres, ces parties sont donc des décimales (139). Ainsi il faut considérer les nombres proposés comme des décimales, et leur appliquer, pour satisfaire à la question, la règle de la soustraction des quantités décimales; l'opération faite, on trouve pour la différence demandée, 4 ares, 7 déciares, 8 centiares; ou plutôt (141) 4 ares 78 centiares.

De la Multiplication des Nombres complexes.

182. La multiplication des nombres complexes se fait de deux manières, soit par les parties aliquotes, soit par les réductions.

Nous exposerons successivement ces deux méthodes, en observant que la première est d'un usage plus fréquent, parce qu'elle exige moins de calcul.

De la Multiplication par les Parties aliquotes.

183. On entend par parties aliquotes d'un nombre, celles qui sont contenues exactement dans ce nombre: 8 est partie aliquote de 24, parce qu'il est contenu en 24 un nombre de fois juste, savoir, 3 fois; il en est de même de 12, de 6, de 3 et de 2.

184. On appelle, par opposition, parties aliquantes d'un nombre, celles qui n'y sont pas contenues exactement; ainsi 15 est partie aliquante de 20.

Remarquez cependant qu'une partie aliquante d'un nombre peut toujours se décomposer en parties aliquotes de ce nombre ; par exemple, 15, qui est partie aliquante de 20, peut être décomposé en 10 et 5, qui sont parties aliquotes de ce même nombre 20.

185. Rappelons-nous que *multiplier par une unité fractionnaire, c'est diviser par le dénominateur de cette unité;* et que, par exemple, la multiplication de 4 par $\frac{1}{5}$ donne $\frac{4}{5}$ (121) ou 4 divisé par 5 (89).

186. La multiplication par un nombre complexe ne diffère en général de la multiplication par un nombre incomplexe, qu'en ce que, dans le premier cas, le multiplicateur renfermant des subdivisions de l'unité principale, cette circonstance exige une disposition particulière, qui consiste à décomposer les subdivisions en parties aliquotes de l'unité principale du multiplicateur, et à prendre des parties semblables du multiplicande, qui se trouve multiplié ainsi (185) par ces subdivisions.

Si l'on avoit, par exemple, à multiplier par le nombre complexe 4# 15s., il faudroit, après avoir multiplié par 4# suivant la règle de la multiplication par un nombre incomplexe, décomposer 15s en parties aliquotes de la livre, comme en 10 et 5, qui sont la $\frac{1}{2}$ et le $\frac{1}{4}$ de la livre, et prendre ensuite successivement la moitié et le quart du multiplicande, qui se trouveroit multiplié ainsi par 15, puisque multiplier un nombre par $\frac{1}{2}$ et par $\frac{1}{4}$, c'est le diviser par 2 et par 4 (185), ou en prendre la moitié et le quart.

Mais c'est en appliquant les règles de la multiplication complexe à des questions, que nous les rendrons sensibles.

187. *Première Question.* Soit 48
à multiplier par le nomb. complexe . $56^{T.}\ 5^{P.}$

Après avoir multiplié 48 par 56, suivant la règle ordinaire (35), je passe à la multiplication par 5 pieds, que je décompose en 2 pieds et 3 pieds, parties aliquotes de la toise, qui est l'unité principale du multiplicateur.

288
240
16
24
2728

J'observe que si j'avois le multiplicande à multiplier par 1 toise, j'aurois le multiplicande lui-même, et que par conséquent, en le multipliant successivement par 2 pieds et 3 pieds, qui sont le tiers et la moitié d'une toise, je dois avoir le tiers et la moitié du multiplicande.

Je prends donc d'abord le tiers et ensuite la moitié de 48 ; j'ai 16 et 24 que je pose ; et additionnant les trois produits particuliers que je viens d'obtenir, je trouve 2728 pour produit total.

188. *Deuxième Question.* On demande le produit de la multiplication de 48 par 56 toises 5 pieds 6 pouces ?

Je multiplie d'abord 48 par 56, et passant à la multiplication par 5 pieds, je décompose ce nombre, non en 2 pieds et 3 pieds, comme dans l'exemple précédent, mais en 1 pied et 4 pieds;

Et prenant pour 1 pied, qui est le $\frac{1}{6}$ de la toise, le sixième de 48; j'ai 8 que je pose.

56T. 5P. 6P.
48
288
240
8
32
4
2732

Je considère ensuite que si la multiplication par 1 pied me donne 8, la multiplication par 4 pieds doit me donner 4 fois 8 ou 32; je pose donc 32.

Il me reste à multiplier par 6 pouces; j'observe que 6 pouces sont la moitié d'un pied, et que si le produit par 1 pied a été 8, le produit par 6 pouces sera nécessairement la moitié de 8, ou 4, je pose donc 4. J'additionne tous les produits particuliers, et j'ai 2732 pour le produit total demandé.

189. Si, pour multiplier par 5 pieds, nous avons décomposé ce nombre en 1 pied et 4 pieds, plutôt qu'en 2 pieds et 3 pieds, c'est qu'ayant à prendre le produit de 6 pouces sur celui des pieds, il étoit plus commode et plus simple de le chercher sur le produit d'un seul pied que sur celui de plusieurs.

190. *Troisième Question.* Quel est le produit de 54 liv. 9 s. 4 den. multipliés par 82?

$54^{\#}$	9	4^{d}
82		
108		
432		
4	2	
32	16	
1	7	1
4466	5	4

Le multiplicande étant ici un nombre complexe, c'est sur les subdivisions de ce facteur que devront se faire, comme nous l'allons voir, les décompositions faites dans l'opération précédente, sur les subdivisions du multiplicateur.

Après avoir multiplié $54^{\#}$ par 82, on multipliera 9^{s}; à cet effet, on décomposera ce nombre en 1^{s} et 8^{s}; et pour avoir le produit de 1^{s}, on considérera que si on avoit $1^{\#}$ à multiplier par 82, on auroit évidemment $82^{\#}$; et qu'on doit par conséquent avoir pour le produit de 1^{s} le vingtième de $82^{\#}$, ou $4^{\#}$ 2^{s}, puisque le sou est le vingtième de la livre; on posera donc $4^{\#}$ 2^{s}.

On observera ensuite que si le produit de 1 sou est $4^{\#}$ 2^{s}, celui des 8 autres sous qu'il reste à multiplier sera 8 fois $4^{\#}$ 2^{s}, ou $32^{\#}$ 16^{s}, qu'on posera.

On passera à la multiplication des 4 deniers, qui sont le tiers de 1 sou, et dont le produit par 82, sera par conséquent le tiers de celui qu'on a eu pour 1 sou; c'est-à-dire, le tiers de $4^{\#}$ 2 sous, ou $1^{\#}$ 7^{s} 4^{d}, qu'on posera.

On fera l'addition de tous ces produits, et l'on aura $4466^{\#}$ $5^{s}4^{d}$ pour le produit total demandé.

191. Remarquez que, pour prendre le vingtième d'un nombre de sous, ou pour le réduire

en livres, il suffit de séparer sur la droite le dernier des chiffres qui le représentent, et de prendre la moitié du reste.

Car, par la séparation du dernier chiffre, le nombre se trouve réduit au dixième de ce qu'il étoit (75); et ensuite au vingtième par la division du dixième par 2 (126). Le chiffre séparé continue d'exprimer des sous.

192. *Quatrième Question.* Trouver le produit de la multiplication de . . . 55^{tt} 17^{s} 8^{d}
par . . . . 73$^{l.-p.}$ 1^{marc} 6^{onces}.

Il faut multiplier successivement tout le multiplicande par chaque partie du multiplicateur.

Je multiplie donc d'abord 55^{tt} par 73; et ensuite, pour multiplier 17^{s}, je décompose ce nombre en 1^{s}, 8^{s} et 8^{s}; je prends le produit de 1 sou qui doit être 3 liv. 13 sous, ou le vingtième de 73 liv. que j'aurois en multipliant 1 liv.

165		
385		
3	13	
29	4	
29	4	
1	4	4
1	4	4
27	18	10
13	19	5
6	19	8 $\frac{1}{2}$
4128^{tt}	7^{s}	7^{d} $\frac{1}{2}$

Pour avoir le produit de 8 sous, je multiplie par 8 celui que je viens d'avoir pour 1 sou, j'ai 29 liv. 4 sous, que je répète pour le produit des 8 autres sous.

Passant à la multiplication des deniers, j'en décompose le nombre 8 en 4 et 4; je prends le produit de 4 deniers sur celui que j'ai eu pour

1 sou, et dont il doit être le tiers, puisque 4 deniers sont le tiers d'un sou; j'ai 1# 4s 4d, que je répète pour les 4 autres deniers.

Tout le multiplicande se trouvant multiplié par 73, je le multiplie par les subdivisions du multiplicateur; d'abord par 1 marc; or, le marc étant la moitié de l'unité principale du multiplicateur, je dois avoir pour le produit par 1 marc la moitié du multiplicande que je prends donc, ce qui est 27# 18s 10d.

Je passe à la multiplication par 6 onces, que je décompose en 4 onces et 2 onces; et 4 onces étant la moitié du marc, le produit par 4 onces doit être la moitié de celui qu'a procuré 1 marc, c'est-à-dire la moitié de 27# 18s 10d ou 13# 19s 5, dont je prends la moitié 6# 19s 8 $\frac{1}{2}$, pour le produit par 2 onces.

J'additionne, et je trouve 4128# 7s 7d $\frac{1}{2}$ pour le produit total cherché.

193. *Cinquième Quest.* Multiplier 27# 18s 9d par . . . . 36T 0P 8p.

Je forme le produit de 27# par 36; et pour multiplier ensuite 18 sous, je décompose ce nombre en quatre parties, en 1, 1, 8 et 8.

Le produit de 1s est le vingtième de celui que j'aurois pour 1#, c'est-à-dire le vingtième de 36#, ou 1# 16s, que je répète pour celui du deuxième sou.

27#	18s	9d
36T	0P	8p.
162		
81		
1	16	
1	16	
14	8	
14	8	
0	18	
0	9	
4	13	1 $\frac{1}{2}$
1	11	0 $\frac{1}{2}$
1	11	0 $\frac{1}{2}$
1008#	17s	1d

Et en multipliant par 8, j'ai 14 liv. 8 sous pour le produit de 8 sous, que je répète pour celui des 8 autres sous.

Pour multiplier les 9 deniers, je les décompose en 6d et 3d. Le produit de 6 deniers doit être la moitié de celui que j'ai eu pour 1 sou, c'est-à-dire la moitié de 1# 16s, ou 18s, dont je prends la moitié 9s pour le produit de 3d.

Je passe à la multiplication par les subdivisions du multiplicateur ; et comme il n'y a pas de pieds, je multiplie par les 8 pouces, que je décompose auparavant en 4 pouces et 4 pouces.

Quatre pouces étant le tiers d'un pied, je prendrois commodément pour le produit qu'ils doivent donner, le tiers du produit par 1 pied, si j'avois ce dernier produit ; mais comme il n'existe point, puisqu'il n'y a pas de pieds au multiplicateur, je le forme néanmoins ; je trouve 4# 13s 1d $\frac{1}{2}$; et sur ce faux produit, que j'ai soin de rayer aussitôt que je l'ai écrit, je prends celui de 4 pouces, qui est 1# 11s 0d $\frac{1}{2}$, et que je répète pour compléter le produit par 8 pouces.

De la Multiplication des Nombres complexes par les Réductions.

194. Pour faire la multiplication des nombres complexes par les réductions, on réduit d'abord chaque facteur à sa plus petite espèce ; ce

qui en fait deux fractions, qui ont chacune pour dénominateur le nombre qui exprime combien de fois la plus petite espèce du facteur qu'elle représente est contenue dans la plus grande; et pour numérateur, le facteur réduit.

On multiplie ensuite ces deux fractions l'une par l'autre, et on en évalue le produit en un nombre, dont l'unité principale et ses subdivisions sont déterminées par l'énoncé de la question. Les questions suivantes éclairciront cette méthode.

195. *Première Question.* On demande ce que coûteront 24 muids 3 setiers 10 boisseaux de grains, à raison de $864^{\#}$ 16^{s} 9^{d} le muid?

Il faut multiplier le dernier de ces nombres par le premier; et suivant la règle qui vient d'être prescrite, je réduis d'abord le multiplicande et le multiplicateur, chacun à sa plus petite espèce : le premier en deniers, en multipliant les $864^{\#}$ par 240, parce que la livre vaut 240 deniers; les 16^{s} par 12, parce que le sou vaut 12 deniers; et en ajoutant les deux produits aux 9 deniers qui se trouvent déjà au multiplicande; ce qui donne 207561 deniers, ou $\frac{207561}{240}$, puisque le denier n'est que la 240e. partie de la livre.

Et le second en boisseaux, en multipliant les 24 muids par 144, parce que le muid vaut 144 boisseaux; les 3 setiers par 12, parce que le setier vaut 12 boisseaux; et en ajoutant les deux produits aux 10 boisseaux du multiplicateur ; ce qui fait 3502 boisseaux, ou $\frac{3502}{144}$, le muid contenant le boisseau 144 fois.

Je multiplie ensuite l'une par l'autre les deux fractions $\frac{267561}{240}$ et $\frac{3502}{144}$, et j'ai pour produit $\frac{726878622}{34560}$.

Maintenant j'évalue cette dernière fraction en livres et subdivisions de la livre, puisque, suivant l'énoncé de la question, c'est la valeur de 24 muids, 3 setiers, 10 boisseaux, en livres, sous et deniers, qu'il s'agit de trouver.

Je divise donc le numérateur de la fraction par le dénominateur (103).

```
726878622 { 34560
69120     { 21032# 7s 4d 5/24
---------
 35678
 34560
 ------
  111862
  103680
  ------
    81822
    69120
    -----
    12702
    -----
   254040
   241920
   ------
    12120
   ------
   145440
   138240
   ------
     7200
```

J'ai d'abord au quotient 21032#, et 12702 de reste; je réduis ce reste en sous, en le multipliant par 20; il vient au produit 254040 s. que je divise toujours par 34560; le quotient est 7s, et le reste 12120, que je réduis en deniers, en le multipliant par 12; j'ai 145440 deniers, que je divise encore par 34560; il vient

8*

au quotient 4 deniers avec le reste 7200 que je mets sous la forme d'une fraction, en lui donnant le diviseur pour dénominateur, ce qui fait $\frac{7200}{34560}$ ou $\frac{5}{24}$ (92), que j'écris au quotient à la suite des 4 deniers ; en sorte qu'on a 21032# 7s 4d $\frac{5}{24}$, pour réponse à la question proposée.

196. *Deuxième Question.* On se propose d'acheter 32 litres 5 décilitres 7 centilitres d'une liqueur précieuse, à raison de 28 francs 9 décimes 5 centimes le litre ; on demande combien on aura à payer.

Le litre, nouvelle mesure de *capacité*, vaut dix décilitres, et le décilitre dix centilitres.

La multiplication du dernier de ces nombres par le premier, résoudra la question.

$$\begin{array}{r} 28^{f}95 \\ 32,57 \\ \hline 20265 \\ 14475 \\ 5995 \\ 8685 \\ \hline 942,9015 \end{array}$$

Pour me conformer, dans cette opération, à la règle observée dans la solution de la question précédente, je devrois commencer par réduire chacun des deux facteurs à sa plus simple espèce ; mais observant que le décime est le dixième du franc ; et le centime, le centième ; que pareillement, le décilitre est le dixième du litre ; et le centilitre, le centième ; j'en conclus que les subdivisions respectives du franc et du litre sont des décimales (139) ; que, par conséquent, je n'ai autre chose à faire qu'à écrire les deux facteurs sous la forme décimale, et à les multiplier suivant la règle prescrite pour la multiplication des nombres décimaux.

En suivant cette marche, j'ai pour résultat de l'opération neuf cent quarante-deux francs, quatre-vingt-dix centimes, ou 942f 90c. Je néglige les quinze dix millièmes.

197. Si cette dernière opération a exigé si peu de calcul; et si, en comparaison de la précédente, elle a dû paroître si simple et si facile, la raison en est que les subdivisions de l'unité principale, dans chacun des deux facteurs, se trouvant suivre la loi de la numération, et être de dix en dix fois plus petites les unes que les autres, il a suffi de lui appliquer la règle de la multiplication des nombres incomplexes, avec la seule attention de séparer sur la droite du produit, autant de décimales qu'il y en avoit tant au multiplicande qu'au multiplicateur, afin de se conformer, en ce point, à la règle de la multiplication des décimales (152).

198. Ce seul exemple suffit pour se convaincre sous ce premier rapport, de tout l'avantage du nouveau système métrique sur l'ancien; car, dans ce nouveau système, les unités principales de mesures se trouvant toutes subdivisées en parties soudécuples les unes des autres, les multiplications et les divisions complexes, regardées avec fondement comme si épineuses, seront désormais réduites à des multiplications et à des divisions incomplexes.

199. *Troisième Question.* On demande le prix de 24 ares 7 déciares 5 centiares de terrain, à raison de 125 francs 4 décimes 6 centimes l'are.

On voit que, pour satisfaire à la question, il faut multiplier le dernier de ces nombres par le premier.

Les 4 décimes et les 6 centimes du multiplicande sont des dixièmes et des centièmes du franc; ils composeront donc avec les 125 francs du même facteur, le nombre décimal 125^f46^c.

```
  125f46
   24,75
--------
   62730
  87822
 50184
25092
--------
3105f1350
```

Pareillement, les 7 déciares et les 5 centiares du multiplicateur étant des dixièmes et des centièmes de l'are, ils composeront avec les 24 ares du même multiplicateur, le nombre décimal 24 ares 75 centiares.

Ainsi, l'opération est réduite à multiplier 24^f75^c par 125,46. Elle donnera pour produit 3105^f13^c, en négligeant les 0,0050.

De la Division des Nombres complexes.

200. Lorsque le dividende seul est un nombre complexe, on commence la division par les unités principales du dividende; on réduit ensuite le reste en unités de la deuxième espèce, qu'on ajoute à celles de cette espèce qui se trouvent au dividende, et on divise la somme.

Le reste de cette deuxième division se réduit en unités de la troisième espèce du dividende, qu'on ajoute avec celles de même espèce du dividende, pour diviser pareillement la somme ; on continue ainsi, jusqu'à ce que les unités de la dernière espèce aient été comprises dans la division.

201. *Première Question.* Vingt-sept aunes de mousseline ont coûté 146 liv. 17 s. 9 den. ; on demande à combien revient l'aune ?

Puisque 27 aunes coûtent 146 liv. 17 s. 9 den., une seule aune vaudra donc la 27e. partie de cette somme ; ainsi il faut diviser 146 liv. 17 s. 9 den. par 27.

Je commence la division par celle des livres ; le quotient est 5$^{\#}$, et le reste 11 que je réduis en sous, en le multipliant par 20, ce qui, avec les 17^{s} du dividende, en donne 237.

Je divise 237, j'ai pour quotient 8^{s} et pour reste 21, qui réduits en deniers, en font 261 avec les 9 du dividende.

$$
\begin{array}{l|l}
146^{\#}\ 17^{s}\ 9^{d} & 27 \\
\cline{2-2}
135 & 5^{\#}\ 8^{s}\ 9^{d}\tfrac{2}{3} \\
\hline
11 & \\
\hline
237 & \\
216 & \\
\hline
21 & \\
\hline
261 & \\
243 & \\
\hline
(18 &
\end{array}
$$

Je divise 261, et le quotient est $9\frac{2}{3}$, en y comprenant le reste 18, mis avec le diviseur sous la forme d'une fraction réduite à sa plus simple expression.

202. *Deuxième Question.* On a pay é56 mètres de taffetas, 290 francs 0 décimes, 8 centimes; on demande le prix du mètre?

Il devra être la 56e. partie de 290f 0d 8c, ou de 290f08c; on divisera donc cette somme par 56.	290f08c 280 ――― 100 56 ――― 448 448 ――― 000	56 ――― 5f 18c.
Et l'on aura pour quotient cinq francs 18 centimes, ou 5f 18c.		

203. On auroit dû, pour se conformer à la règle de la division des décimales (158), écrire à la suite de 56, deux zéros qu'on en auroit séparés par une virgule, afin que le nombre des chiffres décimaux se trouvât le même dans le dividende et dans le diviseur; mais lorsque le diviseur sera un nombre entier, et que le dividende se trouvera renfermer des parties décimales jointes à un nombre entier au moins égal au diviseur, il sera toujours plus simple et plus court d'opérer, comme on vient de faire, suivant la règle de la division des nombres incomplexes, en observant de séparer sur la droite du quotient, autant de chiffres décimaux qu'il y en aura au dividende.

204. Si, dans la division des nombres complexes, le diviseur est aussi complexe, il faut, soit que le dividende le soit ou non, réduire le diviseur à sa plus petite espèce, ce qui en fera

une fraction (194), et diviser ensuite le dividende par cette fraction.

205. *Troisième Question.* On a payé une toise d'ouvrages $19^{\#}\ 6^{s}\ 8^{d}$; on demande combien on feroit faire de toises du même ouvrage pour $98^{\#}$?

On en feroit faire autant que $98^{\#}$ renferme de fois $19^{\#}\ 6^{s}\ 8^{d}$; ainsi il faut diviser le premier de ces nombres par le dernier.

A cet effet, on réduira $19^{\#}\ 6^{s}\ 8^{d}$ en deniers ; cette réduction donnera 4640 deniers, ou $\frac{4640}{240}$ par rapport à la livre.

On divisera 98 par $\frac{4640}{240}$, ce qui se pratiquera en multipliant 98 par l'inverse $\frac{240}{4640}$ de cette fraction (125), et donnera $\frac{23520}{4640}$ qu'on évaluera en toises et subdivisions de la toise, parce que, suivant l'énoncé de la question, ce sont des toises qu'il s'agit de trouver.

On divisera donc 23520 par 4640 ; ou plus simplement (80), 2352 par 464 ; le quotient sera 5^{T}, et le reste 32 qu'on réduira en pieds, en le multipliant par 6 ; le produit 192^{P} ne pouvant se diviser par 464, on mettra 0 au quotient, à la place des pieds.

On réduira les 192 pieds en pouces, en les multipliant par 12 ; on aura 2304 pouces qui, divisés par 464, donne-

2352	464
2320	$5^{T}\ 0^{P}\ 4^{p}\ \frac{11}{19}$
32	
192	
2304	
1856	
448	

ront $4\frac{38}{39}$ pour quotient, y compris le reste mis avec le diviseur sous la forme d'une fraction réduite à sa plus simple expression.

206. On voit par cet exemple, que lorsque, dans le cours de ces sortes de divisions, on est arrivé au moment de faire l'évaluation de la fraction, il faut, pour s'assurer en quelles espèces d'unités elle doit être évaluée, toujours consulter l'état de la question, et se régler sur ce qu'il décide.

207. *Quatrième Question.* 211 grammes 5 décigrammes 4 centigrammes d'une certaine matière, ont été payés 187 francs 8 décimes 5 centimes; on demande quel est le prix du gramme de cette matière?

Le gramme, nouvelle unité de poids, vaut 10 décigrammes; et le décigramme, dix centigrammes.

```
187850 {21154
169232 {0f88c
------
 186180
 169232
 ------
  16948
```

Pour répondre à la question, il faut diviser le second des nombres proposés par le premier; et comme, tant dans le dividende que dans le diviseur, les subdivisions de l'unité principale sont des décimales, la question se réduit à diviser 187,85 par 211,54; en appliquant donc à l'opération la règle de la division des décimales (151), je considère le dividende et le diviseur comme des nombres entiers, et je supprime la virgule dans l'un et dans l'autre.

Et comme le dividende est trop petit pour contenir le diviseur, je mets o au quotient, pour tenir la place des entiers; puis voulant poursuivre l'opération au moyen des décimales (161), j'écris o à la suite du dividende, ce qui me donne 187850, que je divise par le diviseur; le quotient est 8 décimes, et le reste 18618 à la suite duquel j'écris encore o, ce qui me donne 186180 qui, divisé par le diviseur, donne 8 centimes pour quotient, et un reste que je néglige, parce qu'il me suffit d'avoir en décimes et en centimes, la valeur du gramme que je cherche; cette valeur est donc $0^f 88^c$.

208. *Cinquième Question.* La distance de l'équateur au pôle est de 5130740 toises; le mètre, unité fondamentale du nouveau système métrique, est la 10000000e. partie de cette distance; on demande quelle est sa mesure, évaluée en toises, pieds, pouces, lignes et parties décimales de la ligne.

1°. On divisera 5130740^T par le divisr 10000000; mais comme la division ne peut pas se faire, parce que le dividende est plus foible que le diviseur, on écrira zéro au

Dividende	Diviseur / Quotient
51307400	10000000
30784440	$0^T 3^P 0^P 11^l 295936$
30000000	
784440	
7413280	
112959360	
110000000	
29593600000000	
29593600000000	
00000000000000	

quotient, pour y tenir la place des toises;

2°. On réduira 513074^{0T} en pieds, en multipliant ce nombre par 6, et on divisera le produit 3078444o par le diviseur; ce qui donnera 3 pieds au quotient, avec le reste 784440;

3°. On réduira ce reste en pouces, en le multipliant par 12; et comme le produit 9413280 se trouvera trop foible pour qu'on puisse le diviser par le diviseur, on écrira zéro au quotient dans le rang des pouces;

4°. On réduira le nombre 9413280 en lignes, en le multipliant par 12, et on divisera le produit 112959360, ce qui donnera 11 lignes au quotient, et le reste 2959360.

5°. Enfin, pour avoir des parties décimales de la ligne, en poussant jusqu'à six le nombre des chiffres décimaux, on écrira six zéros à la suite de ce dernier reste, et l'on aura 2959360000000 dont la division par le diviseur pouvant se faire tout d'un coup et sans reste, par la simple suppression des sept zéros qui terminent ce dividende (75), donnera les six chiffres décimaux 295936, qu'on écrira au quotient, à la suite des 11 lignes, dont on les séparera par une virgule.

Ainsi le quotient de la division de 5130740 toises par 10000000, ou la mesure du mètre, évaluée en toises et subdivisions de la toise, est exactement trois pieds onze lignes, et deux cent quatre-vingt-quinze mille neuf cent trente-six millionièmes de ligne.

Néanmoins, dans l'évaluation ordinaire du mètre, on supprime les trois dernières décimales, et on fixe cette mesure à $3^p 0^p 11^l 296$, augmentant d'une unité la dernière des trois décimales conservées, parce que la valeur des trois décimales supprimées est, à très-peu près, égale à cette unité d'augmentation.

DE LA FORMATION DU QUARRÉ DES NOMBRES ET DE L'EXTRACTION DES RACINES QUARRÉES.

209. On appelle *quarré* ou *deuxième puissance* d'un nombre, le produit résultant de la multiplication de ce nombre par lui-même ; et *racine quarrée* d'un nombre proposé, le nombre qui, multiplié par lui-même, reproduiroit ce nombre proposé.

Ainsi 64 est le quarré de 8, et 8 est la racine quarrée de 64.

Il ne faut que savoir faire la multiplication pour quarrer un nombre ; mais pour revenir du quarré à la racine, il faut une méthode, du moins lorsque le quarré a plus de deux chiffres ; et cette méthode se déduit de l'observation de ce qui se passe dans la formation du quarré.

210. La racine quarrée d'un nombre qui n'a qu'un ou deux chiffres, est toujours, en nombre entier, quelqu'un de la suite des neuf premiers

nombres	1.	2.	3.	4.	5.	6.	7.	8.	9.
dont les quarrés respectifs sont	1.	4.	9.	16.	25.	36.	49.	64.	81.

Ainsi, 1 n'est pas seulement la racine quarrée exacte de 1, il est encore, en nombre entier, la racine de chacun des nombres entiers intermédiaires entre 1 et 4.

Pareillement, 2 qui est la racine exacte de 4, est aussi en nombre entier, la racine de tous les nombres intermédiaires entre 4 et 9.

Il en est de même de 3, par rapport à 9 et à tous les nombres intermédiaires entre 9 et 16, etc.

211. En quarrant un nombre de deux chiffres, 43, par exemple, ou 40 + 3, qui est le composé de 4 dixaines et de 3 unités, on trouve, après l'avoir décomposé en dixaines et en unités, comme on le voit ici, et en écrivant séparé-

	40 + 3	
	40 + 3	
3 × 3 = ...	9	Quarré des unités.
40 × 3 = ...	120	Double produit des
3 × 40 *ou* 40 × 3 (31) =	120	dixaines par les unités.
40 × 40 = ...	1600	Quarré des dixaines.
Produit total ou quarré,	1849	

ment chaque produit partiel, à mesure qu'on l'obtient, que son quarré 1849 est composé :

1°. Du quarré des dixaines;

2°. Du double produit des dixaines par les unités;

3°. Du quarré des unités.

Maintenant, comme le quarré des dixaines

doit être des centaines, puisque le quarré de 10 est 100, il est évident que les deux derniers chiffres du quarré total ne peuvent faire partie de ce quarré de dixaines.

Et que, pareillement, le double produit des dixaines par les unités étant au moins des dixaines, le dernier chiffre du quarré total ne peut pas non plus faire partie de ce double produit.

De ces différentes observations, et en faisant attention qu'un nombre de deux chiffres ne peut en avoir à son quarré ni moins de trois ni plus que quatre, puisque 10, le plus petit des nombres de deux chiffres en a trois; et que 99, le plus grand des nombres de deux chiffres n'en a que quatre, on doit conclure que, pour extraire la racine quarrée d'un nombre qui n'a pas moins de trois chiffres, ni plus que quatre, il faut suivre la méthode suivante :

On en séparera deux chiffres sur la droite ; on cherchera la racine du plus grand quarré renfermé dans la tranche qui restera à gauche; on écrira cette racine à la droite du nombre proposé, dont on la séparera par une ligne verticale.

On ôtera de cette même tranche le quarré de la racine qu'on vient de trouver ; et on abaissera, à côté du reste, les deux chiffres qu'on avoit d'abord séparés.

On séparera par un point, le chiffre de droite de cette tranche abaissée, et on divisera le surplus par le double de la racine qu'on écrira sous cette même racine, en l'en séparant par un trait.

On mettra le quotient à la suite de ce double de la racine, pour le tout être multiplié par ce même quotient; on portera le produit sous la ligne de la tranche abaissée, et on le soustraira de la totalité du nombre qui se trouve sur cette ligne.

Si la soustraction ne peut pas se faire, ce sera une preuve que le quotient sera trop fort; on le diminuera alors d'une unité, et on recommencera la division;

Si au contraire, elle peut se faire, le quotient sera bon, et on l'écrira alors à la suite du premier chiffre qui se trouve déjà à la racine.

212. Appliquons cette méthode à l'extraction de la racine du quarré 1849, que nous venons de former.

Ce nombre n'ayant ni moins de trois chiffres ni plus que quatre, doit en avoir deux à la racine, et avoir par conséquent des dixaines et des unités.

18.49	43
16	83
24.9	
249	
000	

D'abord, pour trouver les dixaines, je sépare sur la droite du nombre proposé, les deux derniers chiffres 49; je cherche la racine quarrée de la tranche 18, qui reste à gauche, et qui, suivant ce qui a été observé dans la formation du quarré (211) doit renfermer le quarré des dixaines; cette racine qui sera celle des dixaines, est 4 ; je l'écris à la droite de 1849, dont je la sépare par une ligne verticale.

Maintenant, pour avoir celle des unités, j'ôte de 18 le quarré 16 de la racine des dixaines que je viens de trouver ; le reste est 2, à côté duquel j'abaisse la tranche 49 que j'avois d'abord séparée ; j'ai 249 qui doit être composé des deux dernières parties du quarré total, puisqu'il est le reste de ce quarré, dont je viens de retrancher la première partie.

J'en sépare par un point le dernier chiffre 9, et dans 24 qui reste à gauche, doit se trouver la deuxième partie du quarré total ; c'est-à-dire le produit du double des dixaines de la racine par les unités, puisque nous avons vu ci-dessus (211) que le dernier chiffre 9 ne pouvoit pas en faire partie.

Mais si 24 renferme le produit du double des dixaines de la racine par les unités, il est donc un produit dont les deux facteurs sont le double des dixaines et les unités ; ainsi, en le divisant par le double des dixaines que je connois, j'aurai pour quotient les unités que je cherche (69).

Je double donc les dixaines ; j'ai 8 que j'écris sous ces mêmes dixaines avec un trait de séparation ; je divise 24 par 8, le quotient est 3 que j'écris à la suite du double des dixaines ; ce qui fait 83 que je multiplie par 3 ; je porte le produit 249 sous la ligne de la tranche abaissée ; je le soustrais de la totalité du nombre qui se trouve sur cette ligne; et comme la soustraction peut se faire, le quotient 3 est bon; je l'écris à la suite du chiffre des dixaines de la racine; et j'ai 43 pour la racine quarrée de 1849.

En effet, dans le cours de l'opération, j'ai d'abord retranché de 1849 le quarré des dixaines de la racine 43; et du reste 249, j'ai ensuite retranché le produit de 83 par 3; c'est-à-dire le double du produit des dixaines de la racine par ses unités, plus le quarré de ces mêmes unités.

J'ai donc retranché successivement de 1849, les trois parties du quarré de 43; et si après ces soustractions, il n'est rien resté, c'est que 1849 se compose exactement de ces trois parties; que, par conséquent, il est le quarré de 43; et que, réciproquement, 43 est la racine quarrée de 1849.

213. *Deuxième Question.* Trouver la racine quarrée de 4098?

40.98	64
36	124
49.8	
496	
(2	

Je sépare de ce nombre les deux derniers chiffres 98; je cherche la racine quarrée de 40 qui reste à gauche; je trouve qu'elle est 6; je pose 6 à la racine; j'ôte de 40 le quarré 36 de cette même racine, le reste est 4, à côté duquel j'abaisse la tranche séparée 98; j'ai 498, dont je sépare par un point le dernier chiffre 8; je divise le reste 49 par le double 12 de la racine que je viens de trouver, que j'écris sous cette même racine; le quotient est 4, que je mets à la suite de 12, ce qui fait 124, que je multiplie par 4; je porte le produit 496 sous 498; je fais la soustraction, le reste est 2, et j'écris 4 à la racine; en sorte que la racine quarrée de 4098 est 64 en nombre entier; car 2 qui reste après l'opération, annonce que cette racine est 64, plus une fraction; nous indiquerons bientôt la manière d'assigner cette fraction, ou du moins d'en approcher si près que l'on voudra.

214. Mais si le nombre des chiffres du quarré proposé excédoit quatre, et qu'il dût par conséquent y en avoir plus de deux à la racine, on continueroit de suivre, pour trouver successivement chacun des autres, la même méthode qui vient d'être exposée.

On considéreroit les deux premiers chiffres comme ne faisant qu'un seul nombre de dixaines, sur lequel on opéreroit pour trouver le troisième, de la même manière qu'on a opéré sur le premier pour trouver le second.

Pareillement, quand on auroit trouvé les trois premiers chiffres, on considéreroit, s'il devoit y en avoir un quatrième, les trois premiers comme ne faisant qu'un seul nombre de dixaines, auquel on appliqueroit, pour trouver le quatrième, la même opération qu'on auroit faite sur les deux premiers, pour trouver le troisième.

Car il faut remarquer qu'un nombre, quelque

grand qu'il soit, peut toujours être décomposé en dixaines et en unités simples; qu'on peut décomposer, par exemple, 468, en 46 dixaines et 8 unités simples; et 4689, en 468 dixaines et 9 unités simples, puisque la centaine équivaut à dix dixaines; et le mille, à cent dixaines, etc.

215. Cela posé, on commencera donc par partager le nombre proposé en tranches de deux chiffres chacune; la dernière pouvant, comme on le conçoit, n'en contenir qu'un.

Et la raison de cette première disposition est que, considérant la racine comme composée de dixaines et d'unités, il faut, suivant ce que nous avons dit (211), commencer par séparer les deux derniers chiffres sur la droite, pour avoir dans la partie qui reste à gauche, le quarré des dixaines; mais comme cette partie est elle-même composée de plus de deux chiffres, un raisonnement semblable conduit à en séparer encore deux sur la droite; et à continuer ainsi jusqu'à ce que le nombre des chiffres soit épuisé.

La solution de la question suivante fournira un exemple de cette opération.

216. *Troisième Question.* On demande la racine quarrée de 746496?

Je partage ce nombre en tranches de trois chiffres chacune; en allant de droite à gauche; je cherche la racine quarrée de 74; qui compose la dernière tranche

```
74.64.96 { 864
64       { 166
-----      1724
106.4
 996
-----
 6896
 6896
-----
 0000
```

à gauche ; cette racine est 8, que j'écris à la droite du nombre proposé ; j'en soustrais le quarré 64 de 74 ; le reste est 10, à côté duquel j'abaisse la tranche suivante 64 ; j'ai 1064, dont je sépare par un point le dernier chiffre 4 ; je divise la partie restante 106 par le double 16 de la racine 8 ; le quotient est 6 ; je l'écris à la suite de 16 ; ce qui fait 166 ; je multiplie 166 par 6 ; j'en retranche le produit 996, de 1064 ; le reste est 68 ; j'écris 6 à la racine.

A côté du reste 68, j'abaisse 96, ce qui me donne 6896, dont je sépare le dernier chiffre 6 ; je divise le reste 689 par le double 172 de la racine trouvée 86 ; le quotient est 4 que j'écris à côté de 172 ; j'ai 1724 que je multiplie par 4 ; je porte le produit sous 6896 ; je fais la soustraction, il ne reste rien ; j'écris 4 à la racine ; ainsi la racine quarrée de 746496 est exactement 864.

217. Lorsque l'opération laisse un reste, la racine qu'on a trouvée, n'est pas la racine quarrée du nombre proposé, mais seulement celle du plus grand quarré contenu dans ce nombre.

Et si, dans ce cas, il n'est plus possible d'avoir, en nombre entier, la racine exacte du nombre proposé, on peut du moins en approcher si près que l'on veut, par le moyen des décimales.

A cet effet, on écrit à la suite du nombre proposé, deux fois autant de zéros qu'on veut de décimales à la racine ; on fait l'opération comme à l'ordinaire, et on sépare ensuite par une virgule, sur la droite de la racine, moitié autant de décimales qu'on a écrit de zéros au nombre proposé.

La raison en est que le produit d'une multiplication devant avoir autant de décimales qu'il y en a dans les deux facteurs ensemble (153), le quarré qui est le produit de deux facteurs égaux, savoir, de la racine par la racine, doit en avoir deux fois autant que l'un de ces facteurs ; c'est-à-dire, deux fois autant que la racine.

218. *Quatrième Question.* Si l'on se proposoit donc d'approcher à moins d'un centième de la racine quarrée de 43858, qui n'est pas un quarré parfait ; comme, dans ce cas, on voudroit deux décimales à la racine, on écriroit quatre zéros à la suite de 43858 ; et procédant comme à l'ordinaire, à l'extraction de la racine quarrée de 438580000, on commenceroit par partager ce nombre en tranches de trois chiffres chacune, excepté la dernière à gauche, qui n'en auroit qu'un, parce que le nombre des chiffres n'est pas pair.

4.38.58.00.00	209,42
4	409
	4184
03858	41882
3681	
17700	
16736	
96400	
83764	
(1236	

On chercheroit la racine quarrée de 4 ; on trouveroit qu'elle est 2, qu'on écriroit à la racine ; on soustrairoit de 4 le quarré de la racine 2 ; à côté du reste o, on abaisseroit la tranche 38 dont on sépareroit par un point le dernier chiffre 8; et le surplus 3, on essaieroit de le diviser par le double 4 de la racine 2 ; mais comme la division n'est pas possible, on écriroit o à côté du double de la racine, et à la racine elle-même; on abaisseroit de suite, à côté de 38, la tranche 58, dont on sépareroit par un point le dernier chiffre 8; on diviseroit le reste 385 par le double 40 de la racine trouvée 20 ; on auroit 9 pour quotient, qu'on écriroit à côté du double de la racine ; et en continuant l'opération, on trouveroit, après l'avoir achevée, 20942 pour la racine quarrée de 438580000; et 209,42 seulement pour celle de 43858, qui doit être cent fois plus petite.

219. Par ce qui s'est passé dans le cours de cette opération, on a dû remarquer que lorsque, voulant diviser par le double des dixaines, le dividende se trouve trop foible pour que la division puisse se faire, il faut écrire zéro, tant à la racine qu'au double de la racine, descendre de suite la tranche suivante à côté de la dernière abaissée, séparer le dernier des chiffres de la ligne, et diviser ce qui reste à gauche par le double de la racine, tel qu'il se trouve actuellement.

Extraction de la Racine quarrée des Fractions.

220. La multiplication d'une fraction par une

fraction se faisant en multipliant numérateur par numérateur, et dénominateur par dénominateur, il s'ensuit que, pour avoir le quarré d'une fraction, il faut quarrer le numérateur et le dénominateur.

On doit donc réciproquement, pour avoir la racine quarrée d'une fraction, tirer celle de chacun de ses deux termes.

Ainsi la racine quarrée de $\frac{4}{9}$ sera $\frac{2}{3}$; celle de $\frac{25}{64}$, $\frac{5}{8}$ et celle de $\frac{1}{16}$, $\frac{1}{4}$.

221. Mais dans les extractions de racines quarrées des fractions, il se présente plusieurs cas; car il peut arriver que le numérateur ou le dénominateur, ou même l'un et l'autre, ne soient pas des quarrés parfaits.

1°. Si le numérateur seul n'est pas un quarré, on en tirera la racine approchée (217), et après avoir extrait la racine du dénominateur, on la donnera pour dénominateur à celle du numérateur;

2°. Si c'est le dénominateur qui n'est pas un quarré, on multipliera les deux termes de la fraction par ce même dénominateur; ce qui ne changera rien à la valeur (88) de la fraction, et fera du dénominateur un nombre quarré; puis l'on opérera comme dans le cas précédent;

3°. Enfin, si le numérateur ni le dénominateur ne sont des quarrés parfaits, il faudra procéder comme dans le second cas.

Mais comme le résultat de ces opérations présentera une complication de décimales et de fractions ordinaires, on le réduira en décimales seulement, afin de n'avoir qu'une seule espèce de fraction, en effectuant la division du numérateur par le dénominateur.

222. *Première Question.* On demande la racine quarrée de $\frac{3}{4}$, à moins d'un centième près ?

Comme ici le numérateur seul n'est pas quarré, j'en tire la racine approchée à moins d'un centième; je trouve qu'elle est 1,73 ; je lui donne pour dénominateur la racine 2 du dénominateur 4 ; et j'ai $\frac{1,73}{2}$ pour racine quarrée de $\frac{3}{4}$; et pour n'avoir que des décimales à cette racine, j'effectue la division indiquée du numérateur 1,73 par le dénominateur 2 ; et j'ai définitivement 0,86.

223. *Deuxième Question.* Extraire la racine quarrée de $\frac{9}{11}$, à moins d'un dixième près ?

Le dénominateur n'étant pas un quarré parfait, je le rends tel, en multipliant les deux termes de la fraction par ce même dénominateur, ce qui me donne $\frac{99}{121}$; je tire la racine quarrée de 99, à moins d'un dixième près; je trouve qu'elle est 9,9 ; je lui donne pour dénominateur la racine 11 du dénominateur 121, et j'ai $\frac{9,9}{11}$ pour la racine demandée, ou 0,9 en décimales seulement.

224. *Troisième Question.* Trouver la racine quarrée de $\frac{5}{7}$ à moins d'un millième près ?

Aucun des deux termes n'étant un quarré parfait, je les multiplie l'une et l'autre par le dénominateur, il vient $\frac{35}{49}$ au produit ; je tire la racine quarrée du numérateur 21 de la nouvelle fraction, à moins d'un millième près; l'opération donne 4,582; j'écris sous ce nombre pour lui servir de dénominateur, la racine quarrée 7 du dénominateur 49, ce qui donne $\frac{4,582}{7}$; ou 0,654 pour racine quarrée de $\frac{3}{7}$, approchée à moins d'un millième.

Extraction de la Racine quarrée des Nombres fractionnaires.

225. S'il s'agissoit d'extraire la racine quarrée d'un nombre entier joint à une fraction, on réduiroit l'entier en fraction, et l'on opéreroit comme pour une fraction.

C'est ainsi, par exemple, qu'ayant à extraire la racine quarrée de $8\frac{1}{5}$, à moins d'un centième près, on convertiroit ce nombre fractionnaire en $\frac{41}{5}$, dont on trouveroit, en opérant comme dans la question précédente, que la racine quarrée, à moins d'un centième près, est $\frac{14,66}{2}$, ou 5,93.

Extraction de la Racine quarrée des quantités décimales.

226. Enfin si l'on avoit à tirer la racine quarrée d'une quantité décimale, on auroit soin d'y rendre, par le moyen des zéros qu'on écriroit à la suite, le nombre des décimales pair, s'il ne l'étoit pas, et double en même temps de celui qu'on en voudroit avoir à la racine; on procéde-

roit ensuite comme pour les nombres entiers, et l'on marqueroit à la racine, moitié autant de décimales qu'on en auroit préparé au nombre proposé.

Ainsi, par exemple, en se proposant de tirer la racine quarrée de 21,3, à moins d'un centième près, on écrira trois zéros à la suite; ce qui en rendra le nombre des décimales pair, et double en même temps de celui qu'on en veut avoir à la racine; on extraira la racine quarrée du nombre 213000; on trouvera que cette racine est 461, dont on séparera deux décimales sur la droite; ce qui donnera 4,61 pour la racine quarrée, à moins d'un centième près, du nombre proposé 21,3.

Pareillement, on trouvera que la racine quarrée de 0,42, à moins d'un centième près, est 0,64; et que celle de 0,003, à moins d'un centième près, est 0,54.

DE LA FORMATION DU CUBE DES NOMBRES ET DE L'EXTRACTION DES RACINES CUBIQUES.

227. On appelle *cube*, ou *troisième puissance* d'un nombre, le produit du quarré de ce nombre par ce même nombre; et *racine cubique* d'un nombre proposé, le nombre qui, multiplié par son quarré, reproduiroit ce nombre proposé.

Ainsi 125 est le cube de 5, comme 5 est la racine cubique de 125.

La racine cubique d'un nombre qui a moins de quatre chiffres est toujours, en nombre entier, quelqu'un des neuf premiers nombres

1. 2. 3. 4. 5. 6. 7. 8. 9.

dont les cubes respectifs sont:

1. 8. 27. 64. 125. 216. 343. 512. 729.

Ainsi, 1 n'est pas seulement la racine cubique exacte de 1; il est encore, en nombre entier, la racine cubique de tout nombre entier intermédiaire entre 1 et 8; pareillement 2, qui est la racine cubique exacte de 8, est aussi, en nombre entier, la racine cubique de chacun des nombres intermédiaires entre 8 et 27; et ainsi de suite.

Il ne faut que savoir faire la multiplication pour cuber un nombre; mais pour revenir du cube à la racine, il faut une méthode, du moins lorsque le cube a plus de trois chiffres; et cette méthode se déduit de l'observation de ce qui se passe dans la formation du cube d'un nombre de plus d'un chiffre.

228. Proposons-nous de former le cube d'un nombre de dixaines et d'unités, tel que 57, et examinons de quelles parties ce cube se trouve composé; cet examen nous conduira à la méthode qu'il conviendra de suivre pour revenir du cube à la racine.

Pour cuber 57, il faut, suivant ce qui a été dit ci-dessus, multiplier le quarré de ce nombre par ce nombre même.

Mais le quarré de 57, comme celui de tout autre nombre de deux chiffres (211) doit être composé,

1°. Du quarré de ses dixaines, 5;

2°. Du double de ses 5 dixaines, multiplié par ses 7 unités;

3°. Du quarré de ses 7 unités.

Ou, en s'exprimant d'une manière abrégée :

Doit être composé. . . . { 1°. du quarré de 5; 2°. de deux fois 5 × 7; 3°. du quarré de 7.

En faisant donc successivement, comme on le voit ci-après, la multiplication simulée de chacune de ces trois parties,

D'abord par les 5 dixaines de 57,

1°. Le quarré de 5) × 5 = le cube des dixaines;

2°. 2 fois 5 × 7) × 5 = 2 fois le quarré des dixaines × les unités;

3°. Le quarré de 7) × 5 = les dixaines (31) × les unités;

Et ensuite par les 7 unités:

1°. Le quarré de 5) × 7 = le quarré des dixaines × les unités;

2°. 2 fois 5 × 7) × 7 = 2 fois les dixaines × le quarré des unités;

3°. Le quarré de 7) × 7 = le cube de unités;

On aura dans la somme des résultats de ces multiplications successives, le cube de 57, qu'on verra, en réunissant ceux de ces résultats qui se trouvent semblables, être composé:

1°. Du cube des dixaines;

2°. Du triple produit du quarré des dixaines par les unités ;

3°. Du triple produit des dixaines par le quarré des unités ;

4°. Du cube des unités.

Ou, en exprimant ces résultats en chiffres:

1°. De $50 \times 50 \times 50$	=	125000
2°. De $3 \times 50 \times 50 \times 7$	=	52500
3°. De $3 \times 50 \times 7 \times 7$	=	7350
4°. De $7 \times 7 \times 7$. . .	=	343
Total.		185193

Cela posé, comme le cube des dixaines est des mille, puisque le cube de 10 est 1000, il est visible que les trois derniers chiffres du cube total ne peuvent pas faire partie de ce cube de dixaines ;

Et que, pareillement, le triple produit du quarré des dixaines par les unités, étant au moins des centaines, les deux derniers chiffres du cube total ne peuvent en faire partie.

229. De ces différentes observations, et en faisant attention qu'un nombre de deux chiffres ne peut en avoir à son cube, ni moins de 4 ni plus que 6 ; puisque 10, le plus petit des nombres de deux chiffres, en a quatre ; et que 99, qui en est le plus grand, n'en a que six, on doit conclure que, pour extraire la racine cubique d'un nombre qui n'a pas moins de quatre chiffres,

ni plus que six, il faut suivre la méthode suivante :

On séparera trois chiffres sur la droite de ce nombre; on cherchera la racine cubique de la tranche qui restera à gauche, et on écrira cette racine à la droite du nombre proposé, dont on la séparera par une ligne verticale.

On soustraira de cette même tranche le cube de la racine qu'on vient de trouver, et on abaissera à côté du reste, les trois chiffres qu'on avoit d'abord séparés.

On séparera par un point les deux derniers chiffres de la tranche abaissée, et on divisera le surplus par le triple quarré de la racine, qu'on écrira sous cette même racine, avec un trait de séparation.

On éprouvera le quotient : à cet effet, on multipliera :

1°. Le triple quarré de la racine déjà trouvée, par le quotient qu'on veut éprouver;

2°. Le triple de cette même racine par le quarré de ce quotient; et ajoutant les deux produits avec le cube du quotient éprouvé, on en comparera la somme, qui devra être composée des trois dernières parties du cube total, avec la totalité du nombre qui se trouve sur la ligne de la tranche abaissée, et qui se compose aussi des trois mêmes parties.

Si elle est égale ou inférieure à ce nombre, on l'en retranchera, et on écrira à la racine le quotient qui sera bon ; mais si la soustraction ne peut pas se faire, on diminuera successivement le quotient d'une unité, jusqu'à ce que la soustraction devienne possible.

Dans cette épreuve, on fera attention que la racine déjà trouvée étant des dixaines, il sera nécessaire, avant d'en multiplier, comme nous avons dit, le triple quarré par le quotient éprouvé, et le triple par le quarré de ce quotient, d'écrire un zéro à sa suite; car autrement, on se trouveroit n'avoir multiplié que des unités simples.

230. *Première Question.* Faisons l'application de cette méthode à l'extraction de la racine du cube 185193, que nous venons de former.

Ce nombre n'ayant ni moins de quatre chiffres, ni plus que six, doit en avoir deux à sa racine, qui sera par conséquent composé de dixaines et d'unités simples.

185.193	57
125	75
60193	
60193	
00000	

D'abord, pour trouver les dixaines, je sépare par un point, sur la droite du nombre proposé, les trois derniers chiffres 193.

Je cherche la racine cubique de la tranche 185 qui reste à gauche, et qui, selon ce qui a été observé dans la formation du cube (228), doit renfermer le cube des dixaines; cette racine, qui sera celle des dixaines, est 5; je l'écris à la droite de 185193, dont je la sépare par une ligne verticale.

Maintenant, pour avoir celle des unités, j'ôte de 185 le cube 125 de la racine des dixaines que je viens de trouver; le reste est 60, à côté duquel je descends la tranche 193 que j'avois d'abord séparée; j'ai le nombre 60193, qui doit être composé des trois dernières parties du cube total, puisqu'il est le reste de ce cube, dont je viens de retrancher la première partie.

J'en sépare, par un point, les deux derniers chiffres 93; et dans 601 qui reste à gauche, doit se trouver la deuxième partie du cube total, c'est-à-dire, le triple produit du quarré des dixaines par les unités, puisque nous avons vu ci-dessus (228) que les deux derniers chiffres 93 ne peuvent pas en faire partie.

Mais si le nombre 601 renferme le triple du quarré des dixaines multiplié par les unités, il est donc un produit dont les deux facteurs sont le triple quarré des dixaines et les unités; ainsi, en le divisant par le triple quarré des dixaines que je connois, j'aurai les unités que je cherche (69).

Je forme donc le triple quarré des dixaines 5; j'ai 75 que j'écris sous ces mêmes dixaines, avec un trait de séparation; je divise 601 par 75, et le quotient est 7 (*a*) qu'il faut éprouver.

A cet effet, je multiplie par 7, le triple quarré de 5 ou plutôt de 50, j'ai 52500 au produit; je

---

(*a*) 8 est évidemment trop fort.

multiplie également le triple de 50 par le quarré 49 du quotient que j'éprouve, et j'ai 7350 pour produit ; j'ajoute ces deux produits avec le cube 343 du quotient 7 ; la somme est 60193, qu'il est possible de retrancher du nombre 60193 qui se trouve sur la ligne de la tranche abaissée ; je fais la soustraction qui ne laisse point de reste, et je porte le quotient 7 qui est bon, à la racine ; en sorte que 57 est la racine cubique exacte de 185193.

En effet, 185193 se compose exactement des quatre parties du cube de 57, puisque j'en ai d'abord ôté le cube des dixaines de cette racine ; que, du reste 60193, j'ai ensuite retranché les trois autres parties du cube de cette racine, et qu'il n'est rien resté après ces deux soustractions.

221. *Deuxième Question.* On demande quelle est la racine cubique de 91125?

91.125	45
64	48
271.25	
27125	
00000	

Je sépare de ce nombre les trois derniers chiffres 125 ; je cherche la racine cubique de la tranche 91 qui reste à gauche ; je trouve qu'elle est 4 ; je porte 4 à la racine ; j'ôte de 91 le cube 64 de cette même racine ; le reste est 27, à côté duquel je descends la tranche séparée 125 ; j'ai le nombre 27125, dont je sépare par un point les deux derniers chiffres 25 ; je divise le reste 271 par le triple quarré 48 de la racine que je viens de trouver, que j'écris sous cette même racine ; le quotient est 5 que j'éprouve.

Je forme à cet effet, 1°. le produit du triple quarré de la racine déjà trouvée 4, ou plutôt 40, par 5 ; 2°. le triple produit de cette même racine par le quarré de 5 ; 3°. le cube de 5 : le premier de ces résultats est 48000 ; le second 3000, et le troisième 125 ; j'en compare la somme avec le nombre 27125, qui se trouve sur la ligne de la tranche abaissée ; je m'assure qu'elle peut en être retranchée ; je fais donc la soustraction ; le reste est zéro, et j'écris à la racine le quotient éprouvé 5, qui est bon.

Ainsi la racine cubique de 91125 est exactement 45.

222. Mais si le nombre des chiffres du cube proposé excédoit six, et qu'il dût, par conséquent, y en avoir plus de deux à la racine, on continueroit, pour trouver successivement chacun des autres, de suivre la même méthode qui vient d'être exposée.

On considéreroit les deux premiers chiffres comme ne faisant qu'un seul nombre de dixaines, sur lequel on opéreroit pour trouver le troisième, de la même manière qu'on auroit opéré sur le premier pour trouver le second.

Pareillement, quand on auroit trouvé les trois premiers chiffres, on considéreroit, s'il devoit y en avoir un quatrième, les trois premiers comme ne faisant qu'un nombre de dixaines, auquel on appliqueroit, pour trouver le quatrième, la même opération qu'on auroit faite sur les deux premiers pour trouver le troisième, et ainsi de suite.

223. Cela posé, on commencera donc par partager le nombre proposé en tranches de trois chiffres chacune, en allant de droite à gauche; on conçoit que, selon le nombre des chiffres, la dernière pourra n'en contenir que deux ou même un.

Et la raison de cette première disposition est que considérant la racine comme composée de dixaines et d'unités seulement, il faut, suivant ce que nous avons dit (229), commencer par séparer les trois derniers chiffres sur la droite, pour avoir dans la partie qui reste à gauche le cube des dixaines; mais comme cette partie est elle-même composée de plus de trois chiffres, un raisonnement semblable conduit à en séparer encore trois sur la droite, et à continuer ainsi jusqu'à ce que le nombre des chiffres soit épuisé.

On verra dans la question suivante un exemple de cette opération.

224. *Troisième Question.* Trouver la racine cubique de 80621568?

Je partage ce nombre en tranches de trois chiffres chacune; je cherche la racine cubique de 80; cette racine est 4, que j'écris à la droite

```
80.621.568 { 432
64         { 48
----         5547
 166.21
 15507
 ------
  11145.68
  1114568
  --------
  0000000
```

du nombre proposé ; j'en soustrais le cube 64, de 80, le reste est 16, à côté duquel je descends la tranche suivante 621 ; j'ai le nombre 16621, dont je sépare par un point les deux derniers chiffres 21 ; je divise le surplus 166 par le triple quarré 48 de la racine 4 ; le quotient est 3 que j'éprouve, en m'asurant si du nombre 16621, on peut retrancher la somme 15507 provenant du triple produit du quarré de la racine 4 par 3 que j'éprouve, du triple produit de cette même racine par le quarré de 3 ; enfin du cube de 3 ; je trouve que la soustraction est possible ; j'écris 3 à la racine, j'exécute la soustraction qui laisse pour reste 1114, à côté duquel je descends la tranche 568, dont je sépare par un point les deux derniers chiffres 68 ; je divise le surplus 11145 par le triple quarré 5547 de la racine trouvée 43 ; le quotient est 2 ; j'éprouve ce quotient en formant d'abord le triple produit du quarré de la racine trouvée, par 2 ; puis le triple produit de cette même racine, par le quarré de 2 ; enfin le cube de 2 ; et en comparant à 1114568 la somme de ces trois résultats, pour m'assurer si elle peut en être retranchée ; je trouve que la soustraction peut se faire, et qu'elle ne laisse pas de reste ; j'écris donc 2 au quotient.

225. Lorsque l'opération laisse un reste, la racine qu'on a trouvée n'est pas la racine cubique du nombre proposé, mais seulement celle du plus grand cube contenu dans ce nombre.

Et si, dans ce cas, il n'est plus possible d'avoir, en nombre entier, la racine exacte du nombre proposé, on peut du moins en approcher si près qu'on veut, par le moyen des décimales.

A cet effet, on écrit à la suite du nombre proposé, trois fois autant de zéros qu'on veut de décimales à la racine ; on fait l'opération comme à l'ordinaire ; et l'on sépare ensuite par une virgule, à la racine, un tiers autant de décimales qu'on a écrit de zéros au nombre proposé.

La raison en est que le produit d'une multiplication devant avoir autant de décimales qu'il y en a dans tous ses facteurs ensemble (153), le cube qui est un produit de trois facteurs égaux, savoir : de la racine multipliée par la racine et encore par la racine, doit en avoir trois fois autant que l'un de ses facteurs, c'est-à-dire, trois fois autant que la racine.

226. *Quatrième Question.* Si donc il s'agissoit d'extraire la racine cubique de 23, qui n'est pas un cube parfait, et d'en approcher à moins d'un centième; comme dans ce cas, il faudroit deux décimales à la racine, on écriroit six zéros à la suite de 23 ; et procédant comme à l'ordinaire à l'extraction de la racine cubique de 23000000, on trouveroit pour

```
23.000.000 { 2,84
8          { 12
———          2352
150.00
13952
————————
  10480.00
  954304
  ————————
   93696
```

cette racine 284, dont on sépareroit deux décimales.

Extraction de la Racine cubique des Fractions.

226. La multiplication d'une fraction par une fraction se faisant en multipliant numérateur par numérateur, et dénominateur par dénominateur, il s'ensuit que, pour avoir le cube d'une fraction, il faut cuber chacun de ses deux termes.

On doit donc réciproquement, pour avoir la racine cubique d'une fraction, tirer successivement celle du numérateur et celle du dénominateur.

Ainsi la racine cubique de $\frac{8}{27}$ sera $\frac{2}{3}$; celle de $\frac{64}{343}$ sera $\frac{4}{7}$; et celle de $\frac{1}{729}$, $\frac{1}{9}$.

Mais il peut arriver que, soit le numérateur, soit le dénominateur, ou même les deux termes à la fois, ne soient pas des cubes parfaits.

1°. Si le numérateur seul n'est pas un cube, on en tirera la racine cubique approchée (225); et après avoir extrait la racine du dénominateur, on la donnera pour dénominateur à celle du numérateur;

2°. Si c'est le dénominateur qui n'est pas un cube, on multipliera les deux termes de la fraction par le quarré de ce même dénominateur, ce qui ne changera rien à la valeur de la fraction (88), et fera du dénominateur un nombre cube; puis l'on opérera comme dans le cas précédent.

3°. Enfin, si le numérateur ni le dénominateur ne sont des cubes parfaits, on procédera comme dans le cas précédent.

Mais comme le résultat de ces opérations présentera une complication de décimales et de fractions ordinaires, il faudra, pour n'avoir qu'une seule espèce de fractions, réduire ce résultat en décimales seulement, en effectuant la division du numérateur par le dénominateur.

227. *Première Question.* Trouver la racine cubique de $\frac{3}{8}$, à moins d'un dixième près ?

Comme ici le numérateur seul n'est pas un cube, j'en tire la racine approchée, à moins d'un dixième (225); je trouve qu'elle est 1,4; je lui donne pour dénominateur la racine cubique 2 du dénominateur 8; et j'ai $\frac{1,4}{2}$ pour racine cubique de $\frac{3}{8}$, approchée à moins d'un dixième; et pour n'avoir que des décimales à cette racine, j'effectue la division du numérateur 1,4 par le dénominateur 2; et j'ai définitivement 0,7.

228. *Deuxième Question.* Extraire la racine cubique de $\frac{4}{7}$, à moins d'un centième près?

Le dénominateur n'étant pas un cube parfait, je le rends tel, en multipliant par son quarré les deux termes de la fraction; ce qui me donne $\frac{196}{343}$; je tire la racine cubique de 196, à moins d'un centième près; je trouve que cette racine est 5,80; je lui donne pour dénominateur la racine cubique 7 du dénominateur 343, et j'ai $\frac{5,80}{7}$ pour la racine demandée, ou 0,82 en décimales seulement.

229. *Troisième Question.* On demande quelle est la racine cubique de $\frac{4}{9}$, à moins d'un millième près ?

Aucun des deux termes n'étant un cube parfait, je les multiplie l'un et l'autre par le quarré du dénominateur, ou, plus simplement, par 3, puisque le dénominateur 9 se trouvant déjà être un quarré, il suffit de le multiplier par sa racine 3, pour en faire un cube; il vient $\frac{12}{27}$ au produit; je tire, à moins d'un millième près, la racine cubique du numérateur 12 de la nouvelle fraction : l'opération donne 2,289; j'écris sous ce nombre, pour lui servir de dénominateur, la racine cubique 3 du dénominateur 27; ce qui donne $\frac{2,289}{3}$, ou 0,763 pour racine cubique de $\frac{4}{9}$, approchée à moins d'un millième.

Extraction de la Racine cubique des Nombres fractionnaires.

230. S'il s'agissoit d'extraire la racine cubique d'un nombre entier joint à une fraction, on réduiroit l'entier en fraction, et on opéreroit comme pour une fraction.

C'est ainsi, par exemple, qu'ayant à extraire la racine cubique de $5\frac{1}{10}$, à moins d'un centième près, on convertiroit ce nombre fractionnaire en $\frac{51}{10}$, dont on trouveroit, en opérant comme dans la question précédente, que la racine cubique, à moins d'un centième près, est $\frac{17,43}{10}$, ou 1,743, ou enfin 1,74.

Extraction de la Racine cubique des Quantités décimales.

231. Enfin, si l'on avoit à tirer la racine cubique d'une quantité décimale, on auroit soin de rendre, par le moyen des zéros qu'on écriroit à la suite, le nombre des décimales multiple de trois, et triple en même temps de celui qu'on en voudroit avoir à la racine : on procéderoit ensuite comme pour les nombres entiers; et l'on marqueroit à la racine, un tiers autant de décimales qu'on en auroit préparé au nombre proposé.

On dit qu'un nombre proposé est multiple d'un autre nombre, lorsqu'il contient ce dernier une quantité de fois exactement; et par opposition, ce dernier est dit sous-multiple du premier; ainsi 9 et 6 sont multiples de 3, et 3 est sous-multiple de 9 et de 6.

Si donc on se proposoit de tirer la racine cubique de 19,6, à moins d'un centième près, on écriroit cinq zéros à la suite; ce qui en rendroit le nombre de décimales multiple de trois, et triple en même temps de celui qu'il en faudroit à la racine; on extrairoit la racine cubique du nombre entier 19600000, et on trouveroit que cette racine est 268, dont on sépareroit deux décimales par une virgule ; ce qui donneroit 2,68 pour la racine cubique, à moins d'un centième près, du nombre proposé 19,6.

Pareillement, on trouvera que la racine cubique de 0,13 à moins d'un centième près, est 0,50; et que celle de 0,0007, à moins d'un millième près, est 0,088.

DES RAISONS OU RAPPORTS.

232. On entend, en mathématiques, par les mots *raison* ou *rapport*, le résultat de la comparaison de deux quantités.

Lorsqu'en comparant deux quantités, on se propose de connoître de combien l'une surpasse l'autre ou en est surpassée, le résultat de cette comparaison s'appelle leur *rapport arithmétique;* et il est dit leur *rapport géométrique*, si, en les comparant, on a pour but de savoir combien de fois l'une contient l'autre ou y est contenue.

Ainsi le rapport arithmétique de 12 à 4 est 8, parce que 12 surpasse 4 de 8, et le rapport géométrique du premier de ces nombres au second est 3, parce que le premier contient le second 3 fois.

Quand on compare deux quantités sous le rapport arithmétique, on les sépare l'une de l'autre par un point; on les sépare par deux points, lorsqu'on les compare sous le rapport géométrique. Dans les deux cas, celle qu'on écrit ou qu'on énonce la première, s'appelle *antécédent*, et la seconde *conséquent*; on les appelle encore, l'une et l'autre, *les deux termes* du rapport.

Ainsi, de ces deux expressions $\begin{cases} 12 . 4 \\ 12 : 4 \end{cases}$ la première marque que l'on compare 12 à 4 sous le rapport arithmétique ; et la seconde, que cette comparaison se fait sous le rapport géométrique : dans l'une et dans l'autre, 12 est l'antécédent, et 4 le conséquent.

233. Il suit de la définition que nous venons de donner, du rapport arithmétique et du rapport géométrique, que, pour avoir le premier, il faut retrancher le plus petit terme du plus grand ; et qu'on a le second, en divisant l'antécédent par le conséquent ; et qu'ainsi le premier est un reste ou une différence, et le second un quotient, que nous appellerons encore l'*exposant* du rapport.

234. *Un rapport arithmétique ne change point, soit qu'on ajoute à chacun de ses deux termes, ou qu'on en retranche une même quantité*, parce que la différence, en quoi consiste le rapport, reste toujours la même.

235. *Un rapport géométrique ne change point, soit qu'on multiplie ou qu'on divise ses deux termes par un même nombre*, car ce rapport résultant de la division de l'antécédent par le

conséquent, est un quotient de division qui ne peut changer par la multiplication ou la division du dividende et du diviseur par un même nombre (80).

236. Et puisque l'antécédent et le conséquent d'un rapport géométrique peuvent être considérés comme le dividende et le diviseur d'une division, on pourra donc, en appliquant aux rapports géométriques les principes de la division, conclure :

1°. *Que l'exposant d'un rapport augmente ou diminue dans la même proportion que l'antécédent* (76).

2°. *Qu'il augmente, au contraire, ou diminue* (77) *en raison inverse du conséquent;* et que, par conséquent, *pour multiplier un rapport, il faut multiplier l'antécédent ou diviser le conséquent; et que, pour le diviser, il faut diviser l'antécédent ou multiplier le conséquent.*

DES PROPORTIONS.

237. La comparaison de deux rapports égaux établit ce qu'on appelle une *proportion;* et cette proportion est dite *arithmétique* ou *géométrique*, selon que les rapports qu'on y compare sont eux-mêmes arithmétiques ou géométriques.

Ainsi les 4 nombres suivans : 5, 3, 11, 9, forment une proportion arithmétique, parce que 5, surpassant 3 de la même quantité que 11 surpasse 9, le rapport arithmétique du premier de ces nombres au second, est le même que celui du troisième au quatrième.

Pareillement, les quatre nombres 8,4,12,6, composent une proportion géométrique, parce que 8 contenant 4, autant de fois que 12 contient 6, il y a entre les deux premiers de ces nombres et les deux derniers, égalité de rapport géométrique.

Pour marquer que quatre quantités sont en proportion arithmétique, on est convenu de séparer les deux rapports par deux points, mis l'un au-dessous de l'autre; et les termes de chaque rapport par un point.

Et pour indiquer qu'elles sont en proportion géométrique, on sépare, par une convention semblable, les deux rapports, par quatre points, mis sous la forme d'un quarré; et les deux termes de chaque rapport, par deux points.

Dans les deux espèces de proportion, les points qui séparent les termes de chaque rapport, signifient *est à;* et ceux qui séparent chaque rapport signifient *comme.*

Ainsi cette expression, 5 . 3 : 11 . 9, marque que ces quatre nombres sont en proportion arithmétique, ce qui s'énonce : 5 est à 3 comme 11 est à 9.

Et celle-ci : 8 : 4 :: 12 : 6, en marquant que 8, 4, 12 et 6, sont en proportion géométrique, s'énonce de la même manière.

238. Quand les deux termes moyens d'une proportion sont égaux, elle se nomme *proportion continue*; on n'écrit alors qu'un de ces termes, par abréviation; mais pour avertir que dans l'énoncé on doit le répéter, on met à gauche du premier terme de la proportion deux points séparés par un trait horizontal, lorsque la proportion est arithmétique; et quatre points aussi séparés par un trait horizontal, lorsqu'elle est géométrique.

Ainsi, pour exprimer que les trois nombres 5, 9 et 13 sont en proportion arithmétique continue, on écrira ÷ 5 . 9 . 13.

Et on exprimera que les nombres 2, 6 et 18 sont en proportion géométrique continue, en écrivant ∺ 2 : 6 : 18.

Dans toute proportion, le premier et le quatrième termes se nomment les *extrêmes*, parce qu'ils sont aux extrémités de la proportion; et, par la raison contraire, le second et le troisième termes, qui sont au milieu, s'appellent les *moyens*.

Et comme il y a deux rapports, et par conséquent deux antécédens et deux conséquens, on dit pour le premier rapport : *premier antécédent*, *premier conséquent*; et pour le second rapport : *second antécédent*, *second conséquent*.

239. *Si, dans une proportion arithmétique, on ajoute au plus petit terme de chaque rapport la raison de la proportion, on le rendra égal au*

plus grand; car ces deux termes ne différant entre eux que de la raison, c'est donner au plus petit ce qui lui manque pour égaler le plus grand.

Par exemple, si dans la proportion 3 . 8 : 10 . 15, on ajoute la raison 5 au premier et au troisième terme, on aura la nouvelle proportion 8 . 8 : 15 . 15 où les deux termes, dans chaque rapport, se trouvent égaux.

240. Et j'ajoute que cette addition ne détruit point la proportion ; car chaque antécédent étant devenu égal à son conséquent, il est évident que, dans ce cas, les deux rapports sont également zéro ; qu'ils sont conséquemment encore égaux entre eux, et que la proportion, qui consiste dans cette égalité, continue de subsister.

241. *Si, dans une proportion géométrique, on multiplie chacun des deux conséquens par le rapport, on le rendra égal à son antécédent.*

Car, dans une division, le diviseur multiplié par le quotient devient égal au dividende (68); or, un rapport géométrique est le quotient de la division de l'antécédent par le conséquent (225); donc, en multipliant le conséquent par le rapport, on le rend égal à l'antécédent.

Ainsi dans la proportion 10 : 5 :: 16 : 8, si l'on multiplie par le rapport 2, les deux conséquens 5 et 8, on aura 10 : 10 :: 16 : 16, où chaque conséquent se trouve égal à son antécédent.

Pareillement dans la proportion 8 : 16 :: 5 : 10, en multipliant chacun des conséquens 16 et 10 par la raison $\frac{1}{2}$, on a la nouvelle proportion 8 : 8 :: 5 : 5, où le conséquent dans chaque rapport, se trouve égal à son antécédent.

242. Observons de plus que cette multiplication ne trouble point la proportion ; car son effet étant de rendre chaque antécédent égal à son conséquent, il est visible que les deux rapports ont alors également 1 pour exposant ; que, par conséquent, leur égalité est maintenue, et que la proportion qui consiste dans cette égalité, continue de subsister.

243. *La propriété fondamentale des proportions arithmétiques, est que la somme des extrêmes est égale à celle des moyens.*

Démonstration appliquée à un exemple : Soit la proportion arithmétique : 9 . 5 : 12 . 8, je dis que la somme des extrêmes étant 17, celle des moyens doit être également 17.

En effet, en ajoutant la raison 4 de la proportion au plus petit terme, dans chaque rapport, il devient égal au plus grand (239), et on a la nouvelle proportion : 9 . 9 : 12 . 12, dans laquelle la somme des extrêmes est évidemment égale à celle des moyens ; mais puisque cette addition n'a pas troublé la proportion (240), il en faut conclure que si, après cette même addition, la somme des extrêmes se trouve égale à celle des moyens, c'est qu'elle l'étoit auparavant.

244. Il suit de ce que nous venons de démontrer, que, puisque, *dans la proportion continue*, les deux termes moyens sont égaux, *la somme des extrêmes est double du terme moyen*, ou que *le terme moyen est la moitié de la somme des extrêmes;* et que, par conséquent, pour avoir un moyen arithmétique entre deux nombres, il faut prendre la moitié de la somme de ces nombres.

Ainsi, pour avoir un moyen arithmétique entre 13 et 8, on prendra la moitié de la somme 21 de ces deux nombres, et l'on aura la proportion continue, ÷ 13 . $10\frac{1}{2}$. 8.

245. *La propriété fondamentale des proportions géométriques, est que le produit des extrêmes est égal au produit des moyens.*

Démonstration appliquée à un exemple : Soit la proportion géométrique 15 : 5 :: 12 : 4; je dis que le produit des extrêmes étant 60, celui des moyens doit être également 60.

Car en multipliant par la raison 3 le conséquent de chaque rapport, il devient égal à son antécédent (241), et on a la nouvelle proportion : 15 : 15 :: 12 : 12, dans laquelle le produit des extrêmes doit être égal à celui des moyens, puisqu'ils ont chacun les mêmes facteurs 15 et 12; mais cette multiplication n'ayant point troublé la proportion (242), on en doit conclure que, si après cette opération, le produit des extrêmes se trouve égal à celui des moyens, c'est qu'il l'étoit auparavant.

On pourra donc prendre le produit des extrêmes pour celui des moyens, et réciproquement.

246. Dans la proportion géométrique continue, les deux termes moyens étant égaux, *le produit des extrêmes est égal au quarré du terme moyen*, car les deux moyens étant égaux, leur produit est le quarré de l'un d'eux; donc, pour avoir un moyen géométrique entre deux nombres donnés, il faut tirer la racine quarrée de leur produit.

Si donc on se proposoit d'insérer un moyen géométrique entre 3 et 27, on multiplieroit ces deux nombres l'un par l'autre; on extrairoit la racine quarrée de leur produit 81, et l'on auroit la proportion continue ∺ 3 : 9 : 27.

247. *Cette propriété de l'égalité entre le produit des extrêmes et celui des moyens, ne peut appartenir qu'à quatre quantités en proportion géométrique.*

Car, dans quatre quantités qui ne seroient pas en proportion géométrique, comme dans celle-ci : 9, 3, 8, 4, le rapport des deux premières n'auroit rien de commun avec celui des deux dernières; et par conséquent, en multipliant les conséquens par l'un de ces rapports, par le premier, par exemple, il n'y auroit que le premier conséquent qui deviendroit égal à son antécédent; mais dans ce cas, le produit des extrêmes ne pourroit être égal à celui des moyens; car chacun de ces produits ayant un facteur commun, savoir : l'un des deux premiers termes qui sont égaux, il faudroit que le second leur fût commun aussi, pour qu'ils devinssent égaux entre eux. Si donc ces produits se trouvoient inégaux après la multiplication des conséquens, c'est qu'ils l'auroient été auparavant, puisque nous avons vu (247) qu'elle ne peut rien changer à la balance de ces produits.

248. Ainsi, *lorsque quatre quantités seront telles que le produit des extrêmes sera égal au produit des moyens, on en inférera qu'elles sont en proportion.*

Et *si quatre quantités sont en proportion, elles continueront d'y être, soit que l'on mette les extrêmes à la place des moyens, et réciproquement; soit que l'on échange la place des extrêmes ou celle des moyens;* car on voit que dans ces différens cas, le produit des extrêmes est toujours égal à celui des moyens.

Ainsi la proportion 3 : 9 :: 4 : 12, peut, sans être détruite, subir les changemens suivans :

3 : 9 :: 4 : 12
3 : 4 :: 9 : 12
12 : 4 :: 9 : 3
12 : 9 :: 4 : 3
9 : 3 :: 12 : 4
9 : 12 :: 3 : 4
4 : 3 :: 12 : 9
4 : 12 :: 3 : 9

249. Du principe d'égalité entre le produit des extrêmes et celui des moyens, il suit que, *connoissant trois termes d'une proportion géométrique, on peut trouver le quatrième.*

Car le terme cherché est un des extrêmes ou un des moyens; dans le premier cas, on divise le produit des moyens par l'extrême connu; et dans le second cas, on divise le produit des extrêmes par le moyen connu. En voici la démonstration appliquée au premier cas, et qui est également applicable au second.

Il est évident qu'en divisant le produit des extrêmes, si on l'avoit, par l'extrême connu, on auroit au quotient l'extrême cherché (69); mais on l'aura également en divisant le produit des moyens, qui est le même que celui des extrêmes (245).

250. *On peut, sans troubler une proportion, multiplier ou diviser les deux antécédens par un même nombre, et il en est de même à l'égard des conséquens.*

Démonstration. En multipliant ou en divisant les antécédens par un même nombre, on rend un même nombre de fois plus grands ou plus petits les deux rapports qui composent la proportion (236); et on les rend un même nombre de fois plus petits ou plus grands, en multipliant ou en divisant les conséquens par un même nombre (236); l'égalité entre les deux rapports continue donc de subsister dans ces différens cas, et par conséquent la proportion, qui est fondée sur cette égalité, n'est point troublée.

251. *Dans toute proportion géométrique, si on compare la somme ou la différence de l'antécédent et du conséquent de chaque rapport au conséquent, il y a encore proportion.*

Démonstration. Car, dans ce cas, les antécédens augmentés ou diminués respectivement de leur conséquent, le contiendront, à la vérité, une fois de plus ou une fois de moins, mais sans cesser de le contenir un même nombre de fois chacun; l'égalité entre les rapports continuera donc de subsister; et par conséquent il y aura encore proportion (237).

Ainsi, sans troubler la proportion, 10 : 5 :: 6 : 3, on pourra dire . . . . $\begin{cases} 10 + 5 : 5 :: 6 + 3 : 3 \\ 10 - 5 : 5 :: 6 - 3 : 3 \end{cases}$

252. *Dans toute proportion géométrique, si on compare la somme ou la différence de l'antécédent et du conséquent de chaque rapport à l'antécédent, il y a encore proportion.*

Cette proposition peut être ramenée à la précédente, et par conséquent, se peut démontrer de la même manière, en concevant que, dans la proportion sur laquelle on a fait ce changement, on a échangé dans chaque rapport la place de l'antécédent et du conséquent, ce qui peut se faire sans détruire la proportion (248).

Ainsi on ne troublera point la proportion :

9 : 3 :: 21 : 7,

en disant . . $\begin{cases} 9 + 3 : 9 :: 21 + 7 : 21 \\ 9 - 3 : 9 :: 21 - 7 : 21 \end{cases}$

253. Puisqu'on ne trouble point une proportion en échangeant les places des moyens (248), on doit conclure *que les deux antécédens se contiennent l'un l'autre, autant de fois que les conséquens se contiennent aussi l'un l'autre.*

254. *Si l'on a deux rapports égaux, et que l'on ajoute antécédent à antécédent, et conséquent à conséquent, on aura un troisième rapport, qui sera égal à chacun des deux premiers.*

Démonstration. En effet, si, comme dans les rapports égaux 24 : 8 et 12 : 4, l'antécédent du premier est double de celui du second, la somme 36 des antécédens sera triple du second; et comme le conséquent du premier rapport devra aussi être double de celui du second rapport (253), la somme des deux conséquens sera pareillement triple du second conséquent; on pourra donc former avec ces deux sommes un troisième rapport, 36 : 12, qui sera égal au second, puisqu'il sera le second lui-même, multiplié par 3 (235); et ce troisième rapport sera aussi égal au premier, puisque celui-ci est égal au second.

255. De ce qui vient d'être dit, on peut conclure que, *dans une proportion géométrique, la somme des antécédens des deux rapports égaux qui la composent, est à la somme des conséquens,*

comme un des antécédens est à son conséquent; ou, ce qui est la même chose, *que la somme des antécédens contient la somme des conséquens, autant de fois qu'un des antécédens contient son conséquent.*

On prouveroit de même que *la différence des antécédens est, à la différence des conséquens, comme un des antécédens est à son conséquent.*

256. Dans une suite de rapports égaux, *la somme de tous les antécédens est à la somme de tous les conséquens, comme l'un des antécédens est à son conséquent.*

Démonstration. Car, en ajoutant ensemble les antécédens des deux premiers rapports, et leurs conséquens aussi ensemble, on aura un nouveau rapport égal à chacun des deux premiers (254), et par conséquent au troisième.

En prenant pareillement la somme des antécédens du nouveau rapport et du troisième, et la somme de leurs conséquens, on aura encore un nouveau rapport, égal à chacun des trois premiers, et par conséquent au quatrième.

En continuant de combiner ainsi successivement chaque nouveau rapport avec le suivant, dans la suite proposée, on parviendra à un dernier, dont l'antécédent sera composé de la somme de tous les antécédens des rapports proposés; et le conséquent de la somme de leurs conséquens, et qui, en même temps, sera égal à chacun d'eux.

257. On appelle *rapport composé*, celui qui résulte de deux ou d'un plus grand nombre de rapports, dont on multiplie les antécédens entre eux, et les conséquens aussi entre eux.

Si les rapports qu'on multiplie sont égaux, le rapport composé est dit *rapport doublé*, si on n'a multiplié que deux rapports; *rapport triplé*, si on en a multiplié trois; *rapport quadruplé*, si on en a multiplié quatre; et ainsi de suite.

258. *Si on a deux proportions, et qu'on les multiplie par ordre, c'est-à-dire, le premier terme de l'une par le premier terme de l'autre; le second par le second, etc., les quatre produits qui résulteront seront en proportion.*

Démonstration. Car, en multipliant ainsi deux proportions, c'est multiplier deux rapports qui ont entre eux un même exposant, par deux autres rapports qui ont aussi un même exposant entre eux; donc il en résultera deux rapports composés, qui auront chacun le même exposant, et qui, par conséquent, formeront une proportion (237).

259. *Les quarrés, les cubes, et en général les puissances semblables de quatre quantités en proportion, sont aussi en proportion.*

Car, en multipliant plusieurs fois successivement la proportion par elle-même, on aura de nouvelles proportions (258), dont les termes seront nécessairement les puissances successives de ces quantités, puisqu'ils résulteront de la multiplication répétée de ces mêmes quantités par elles-mêmes.

260. *Les racines semblables de quatre quantités en proportion, sont aussi en proportion.*

Car, en multipliant successivement par elles-mêmes les racines de ces quantités, on auroit ces quantités qui, par la supposition, sont en proportion ; ce qui ne pourroit cependant pas être, si ces racines n'étoient pas elles-mêmes en proportion (258).

DES PROGRESSIONS.

261. On entend, en général, par *progression*, une suite de rapports égaux, dont chaque terme, excepté le premier et le dernier, est alternativement conséquent d'un rapport qui précède, et antécédent de celui qui suit ;

Et la *progression* est dite *arithmétique* ou *géométrique*, selon que les rapports égaux dont elle se compose, sont eux-mêmes arithmétiques ou géométriques.

Pour marquer qu'en énonçant une progression, chaque terme doit être répété, excepté le premier et le dernier, on écrit comme dans les proportions continues, deux points séparés par un trait horizontal à la tête de la progression, lorsqu'elle est arithmétique ; et quatre points séparés aussi par un trait horizontal, lorsqu'elle est géométrique.

Chaque terme, dans la progression arithmétique, est séparé par un point de celui qui le précède ; et par deux points dans la progression géométrique.

Ainsi, pour exprimer la progression formée des rapports égaux arithmétiques : 7 . 9 . 11 . 13 et 15 . 17, on écrira : ÷ 7 . 9 . 11 . 13 . 15 . 17 ; et on l'énoncera en disant : 7 est à 9 comme 9 est à 11, comme 11 est à 13, etc.

Et pour marquer la progression composée des rapports égaux géométriques, 3 : 9 : 27 : 81 et 243 : 729, on écrira, ∺ 3 : 9 : 27 : 81 : 243 : 729, et on l'énoncera comme la progression arithmétique.

262. La progression est dite *croissante* ou *décroissante*, selon que les termes vont en augmentant ou en diminuant. Les propriétés sont les mêmes dans l'une et dans l'autre ; et comme d'ailleurs toute progression décroissante prise à rebours, devient une progression croissante, nous prévenons que tout ce que nous dirons des progressions, devra s'entendre des progressions croissantes.

263. Il suit de la nature et de la définition de la progression, que, puisque chaque terme, à l'exception du premier et du dernier, s'y trouve alternativement conséquent et antécédent, dans deux rapports consécutifs, le rapport du premier terme au second est le même que celui du second au troisième, que celui du troisième au

quatrième, et ainsi de suite, et que, par conséquent :

Dans la progression arithmétique, le premier est surpassé par le second, de la même quantité que le second l'est par le troisième, que le troisième l'est par le quatrième, etc.;

Et dans la progresssion géométrique, le premier est contenu dans le second, le même nombre de fois que le second l'est dans le troisième, que le troisième l'est dans le quatrième, etc.

264. D'où l'on peut conclure, qu'avec le premier terme et la raison commune des rapports, ou de la progression, on peut former tous les autres termes; car il suffit pour cela d'ajouter, pour la progression arithmétique, la raison au premier terme, pour avoir le second; de l'ajouter au second, pour former le troisième; et ainsi de suite.

Et dans la progression géométrique, de multiplier le premier terme par la raison, pour avoir le second; de multiplier le second encore par la raison, pour avoir le troisième, etc.

En sorte qu'on peut dire en général,

265. Qu'*un terme quelconque d'une progression arithmétique, est composé de la somme du premier et de la raison répétée autant de fois qu'il y a de termes avant lui.*

266. Et qu'*un terme quelconque d'une progression géométrique est composée du produit du premier, par la raison multipliée autant de fois par*

elle-même qu'il y a de termes avant lui; ou, ce qui est la même chose, *par la raison élevée à la puissance marquée par le nombre des termes qui le précède.*

267. Il suit de ces principes, 1°. qu'on peut avoir un terme quelconque d'une progression, sans être obligé de calculer ceux qui précèdent.

2°. Qu'on peut insérer entre deux nombres donnés, telle quantité de moyens qu'on voudra; de manière que le tout fasse une progression.

Nous allons éclaircir par des exemples, chacun des principes que nous venons d'exposer.

268. *Première Question.* Former une progression arithmétique de sept termes, dont le premier soit 2, et la raison 3.

Puisque chacun de ces termes, pour qu'il y ait progression, devra (261), à l'exception du premier et du dernier, être alternativement conséquent et antécédent, dans deux rapports consécutifs; et qu'il faudra de plus qu'ils forment ensemble une suite de rapports égaux, il est évident que ce double but sera rempli, en ajoutant la raison, d'abord au premier terme pour avoir le second; ensuite au second pour avoir le troisième; puis au troisième, pour avoir le quatrième; et ainsi de suite.

Car, par ces additions successives qui, en produisant chaque terme, le donneront en même temps de la raison plus grand que celui qui le précède, la différence, en quoi consiste le rapport, se trouvera être la même entre le premier et le deuxième, qu'entre le deuxième et le troisième, qu'entre le troisième et le quatrième, etc.

En sorte qu'avec le premier terme et le deuxième, avec le deuxième et le troisième, avec le troisième et le quatrième, etc., on pourra former une suite de rapports égaux, dans laquelle on voit que chaque terme, excepté le premier et le dernier, entrera pour conséquent et pour antécédent, dans deux rapports consécutifs.

On dira donc, pour répondre à la question: Le premier terme 2 + la raison 3, forment le deuxième terme 5; 5 + 3 donnent le troisième terme 8; 8 + 3 donnent le quatrième terme 11; 11 + 3 donnent le cinquième terme 14; 14 + 3 donnent le sixième terme 17; 17 + 3 donnent le septième et dernier terme 20.

Et ayant eu soin de mettre le signe ÷ à la gauche du premier terme 2, et d'écrire chacun des autres termes, à mesure qu'il se trouvoit formé, à la suite du précédent, en l'en séparant par un point, on aura la progression demandée:

÷ 2. 5. 8. 11. 14. 17. 20.

269. *Deuxième Question.* On demande de former une progression géométrique de huit termes, dont le premier soit 3; et la raison 2.

Pour que la suite de ces termes puisse former

une progression géométrique (26), il faudra que chacun d'eux, à l'exception du premier et du dernier, soit alternativement conséquent et antécédent dans deux rapports consécutifs ; et que, de plus, les rapports qu'ils formeront ensemble, soient tous égaux entre eux.

Or ce double but sera rempli, en multipliant successivement par la raison 2, d'abord le premier terme qu'on connoît, pour avoir le deuxième ; ensuite le deuxième pour avoir le troisième ; puis le troisième, pour avoir le quatrième, etc.

Car l'effet de ces multiplications successives étant de produire une série de termes dont chacun renferme celui qui le précède, un nombre de fois déterminé par la raison, il s'ensuivra que le premier sera contenu dans le deuxième autant de fois que le deuxième le sera dans le troisième, que le troisième le sera dans le quatrième, etc.

Et que, par conséquent, avec le premier et le deuxième termes, avec le deuxième et le troisième, avec le troisième et le quatrième, etc., on pourra former une suite de rapports égaux, dans laquelle chaque terme, à l'exception du premier et du dernier, se trouvera être alternativement conséquent et antécédent dans deux rapports consécutifs.

Ainsi, après avoir écrit le signe $\div\!\div$ à la gauche du premier terme donné 3, et en portant chacun des termes, à mesure qu'on le formera, à la suite du précédent, dont on le séparera par deux points, on dira :

Le premier terme 3 × la raison 2, donne le 2e. terme 6 ; 6 × 2 donne le 3e. terme 12 ; 12 × 2 donne le 4e. terme 24 ; 24 × 2 donne le 5e. terme 48 ; 48 × 2 donne le 6e. terme 96 ; 96 × 2 donne le 7e. terme 192 ; 192 × 2 donne le 8e. et dernier terme 384 ; en sorte qu'on aura pour la progression demandée :

$$\div 3 : 6 : 12 : 24 : 48 : 96 : 192 : 384$$

270. *Troisième Question.* Trouver le 8e. terme d'une progression arithmétique, dont le premier est 2, et la raison 3, sans calculer aucun des sept précédens.

Nous avons vu (263 et 265), que, dans toute progression arithmétique, le second terme est composé du premier, plus de la raison ; que le troisième est composé du second, plus de la raison, ou, ce qui est la même chose, du premier, plus de deux fois la raison ; que le quatrième est composé du troisième, plus de la raison ; ou du premier, plus de trois fois la raison, etc.

On en peut donc conclure que chaque terme est composé de la somme du premier terme et de la raison autant de fois répétée qu'il y a de termes avant lui ; et qu'ainsi le 8e. est composé de la somme du premier, et de la raison multipliée par 7.

Multipliant donc 3 par 7, et ajoutant le produit 21 à 2, on aura 23 pour réponse à la question.

271. *Quatrième Question.* Calculer directement le 9e. terme d'une progression géométrique qui a 3 pour premier terme, et 2 pour raison.

On a vu (263 et 265), que, dans une progression géométrique quelconque, le second terme est composé du premier × par la raison ;

Que le troisième est composé du second × la raison, ou, ce qui est la même chose, du premier × la raison × la raison, ou par la seconde puissance de la raison ;

Que le quatrième terme est composé du troisième × la raison, ou du premier × la raison × la raison × la raison, ou par la troisième puissance de la raison, etc.

D'où l'on peut conclure que chaque terme se compose du produit du premier, par la raison élevée à la puissance marquée par le nombre des termes qui le précèdent ; et qu'ainsi le 9e. est composé du premier multiplié par la huitième puissance de la raison.

Si donc on élève 2 à la 8e. puissance, et qu'on multiplie par 3, cette puissance qui est 256, le produit 768 satisfera à la question.

272. *Cinquième Question.* Insérer entre 2 et 20, cinq moyens arithmétiques, de manière que le tout fasse une progression, dont on voit

que le premier terme sera 2 ; le septième et dernier 20.

Si l'on avoit la raison qui doit régner dans la progression, on formeroit sans difficulté chacun des cinq moyens demandés (264), par l'addition successive de cette raison au premier terme 2, pour avoir le second ; au second terme pour avoir le troisième, etc.

Or, pour avoir la raison, on observera que, puisque dans une progression arithmétique (265 et 270), chaque terme se compose de la somme du premier, et de la raison répétée autant de fois qu'il y a de termes avant lui, le septième terme 20 sera composé de la somme du premier 2, et de la raison quelle qu'elle soit, répétée six fois ; donc, en retranchant 2 de 20, le reste 18 sera la raison répétée six fois ; et par conséquent, en prenant le sixième de 18, ou en le divisant par 6, le quotient 3 sera la raison de la progression, à l'aide duquel on trouvera que les cinq moyens demandés sont 5, 8, 11, 14 et 17, qui, insérés entre 2 et 20, formeront la progression de 7 termes :

$$\div 2 . 5 . 8 . 11 . 14 . 17 . 20$$

273. *Sixième Question.* On propose d'insérer entre 3 et 48, trois moyens géométriques, pour former avec ces deux termes extrêmes une progression de cinq termes.

Avec le rapport qui doit régner dans la progression, si on le connoissoit, on formeroit aisément chacun des moyens que l'on cherche (264); car il suffiroit pour cela de multiplier successivement par ce rapport, d'abord le premier terme 3, pour avoir le second qui seroit le premier moyen, ensuite le second terme, pour avoir le troisième qui seroit le second moyen, etc.

Or, pour trouver ce rapport, on observera (266 et 271), qu'un terme quelconque d'une progression géométrique, se compose du premier multiplié par ce rapport élevé à la puissance marquée par le nombre des termes qui précède ce terme quelconque; que par conséquent le cinquième terme 48, sera composé du premier 3, multiplié par la quatrième puissance du rapport, quel qu'il soit.

Donc, en divisant 48 par 3 (69), le quotient 16 sera la quatrième puissance de ce rapport, dont la racine quatrième 2 sera conséquemment le rapport, avec le secours duquel on formera successivement les trois moyens demandés, qui se trouveront être 6, 12 et 24, qu'on insérera entre les deux extrêmes 2 et 48, pour avoir la progression:

$$\div\!\div 3 : 6 : 12 : 24 : 48$$

274. *La somme des deux extrêmes d'une progression arithmétique, est égale à la somme de deux moyens pris à distances égales de ces extrêmes.*

Démonstration. Le premier des moyens proposés se compose (265) du premier extrême, ajouté à la raison répétée autant de fois, plus une, qu'il y a de termes entre eux deux ; leur différence est donc la raison répétée ce nombre de fois.

Et par la nature des progressions, le second extrême se compose du second des moyens proposés, ajouté à la raison répétée autant de fois, plus une, qu'il y a de termes entre eux deux; leur différence est donc la raison répétée ce nombre de fois.

Mais, par la supposition, il y a entre le premier extrême et le premier des moyens proposés, le même nombre de termes qu'entre le second de ces moyens et le dernier extrême, la différence du premier extrême au premier des moyens est donc la même que celle du second de ces moyens au dernier extrême ; ces quatre quantités sont donc en proportion arithmétique (237), et par conséquent (243) la somme de la première et de la quatrième, qui sont les extrêmes de la progression, est égale à la somme de la seconde et de la troisième, qui sont les moyens proposés.

275. Concluons de là que *si le nombre des termes de la progression est impair, le terme du milieu sera égal à la moitié de la somme des extrêmes;* car comme il y aura la même différence du premier extrême au terme du milieu, que de celui-ci au dernier extrême, il y aura proportion continue (238), et par conséquent le terme moyen sera la moitié de la somme des extrêmes (244).

276. *La somme de tous les termes d'une progression arithmétique est égale à la somme des extrêmes, ou à celle de deux moyens quelconques, pris à distances égales des extrêmes, multipliée par la moitié du nombre des termes.*

Démonstration. Si l'on ajoute ensemble deux termes moyens, pris à égales distances des extrêmes, qu'on en additionne encore deux autres, pareillement pris à distances égales des extrêmes, et qu'on continue de répéter cette opération jusqu'à ce que tous les moyens soient épuisés, il est constant qu'on aura une suite de sommes égales, chacune, à celle des extrêmes (274), et par conséquent égales aussi entre elles; et que le nombre de ces sommes, y compris celle des extrêmes, sera moitié de celui des termes de la progression, puisqu'il faut deux de ces termes, pour composer une seule de ces sommes.

Maintenant, puisque toutes ces sommes sont égales entre elles, une seule de ces sommes multipliée par leur nombre, sera donc égale à leur totalité; mais cette totalité comprend tous les termes de la progression; donc la somme de tous les termes d'une progression arithmétique est égale, soit à la somme des extrêmes, soit à celle de deux moyens quelconques, pris à distances égales des extrêmes, multipliée par la moitié du nombre des termes.

277. *Le produit des deux extrêmes d'une progression géométrique, est égal au produit de*

deux de ses moyens, pris à distances égales des extrêmes.

Démonstration. Le premier des moyens proposés se compose (266) du premier extrême multiplié par la raison élevée à la puissance plus une, marquée par le nombre des termes qu'il y a entre eux deux; leur rapport est donc la raison élevée à cette puissance.

Et par la nature des progressions géométriques, le second extrême se compose du second des moyens proposés, multiplié par la raison élevée à la puissance plus une, marquée par le nombre des termes qu'il y a entre eux deux; leur rapport est donc la raison élevée à cette puissance.

Mais, par la supposition, il y a entre le premier extrême et le premier des moyens proposés, le même nombre de termes qu'entre le second de ces moyens et le dernier extrême; le rapport du premier extrême au premier des moyens proposés, est donc le même que celui du second de ces moyens au dernier extrême; ces quatre quantités sont donc en proportion géométrique (237), et par conséquent le produit de la première et de la quatrième, qui sont les extrêmes de la progression, est égal au produit de la seconde et de la troisième qui sont les moyens proposés (245).

Concluons de là que *si le nombre des termes de la progression est impair, le terme du milieu sera égal à la racine quarrée du produit des ex-*

trêmes; car comme il y aura la même distance, et par conséquent le même rapport entre le premier extrême et le terme du milieu, qu'entre celui-ci et le dernier extrême, il y aura proportion continue (238), et par conséquent le terme moyen sera égal à la racine quarrée du produit des extrêmes (246).

278. *La somme des termes d'une progression géométrique quelconque, dont la raison est un nombre entier, est égale à la différence du produit du dernier terme par la raison, au premier terme, divisée par la raison diminuée de l'unité.*

Démonstration. Si, dans une progression géométrique quelconque, dont la raison est 2, comme dans celle-ci : ∺ 3 : 6 : 12 : 24 : 48, on additionne tous les termes, on remarquera que la somme se trouve égale au nombre que l'on auroit en multipliant le dernier terme 48 par la raison 2, et en retranchant du produit 96, le premier terme 3.

Si, dans une progression géométrique quelconque, dont la raison est 3, comme dans celle qui suit : ∺ 2 : 6 : 18 : 54 : 162, on ajoute tous les termes ensemble, on verra que la somme se trouve égale au nombre que l'on auroit en multipliant le dernier terme 162 par la raison 3, en retranchant du produit le premier terme 2, et en divisant le reste par la raison diminuée de l'unité, ou par 2.

On s'assureroit également que la somme des

termes d'une progression, prise à volonté, et dont la raison seroit 4, se trouveroit égale au nombre que l'on auroit en multipliant le dernier terme par la raison 4, en retranchant du produit le premier terme, et en divisant le reste par la raison moins l'unité, ou par 3.

Et comme la même observation se présenteroit dans toute autre progression dont la raison seroit un nombre entier,

On peut établir, comme loi invariable, que, *pour avoir la somme des termes d'une progression géométrique quelconque, dont la raison est un nombre entier, il faut multiplier le dernier terme par la raison, ôter du produit le premier terme, et diviser le reste par la raison diminuée de l'unité.*

Cette loi qui se déduit des observations que nous venons de faire sur des progressions croissantes, est la même dans les progressions décroissantes; puisque, prises à rebours, celles-ci deviennent des progressions croissantes; que le plus petit terme, qui est le dernier, y devient le premier, et que le plus grand, qui est le premier, y devient le dernier.

279. Mais si la raison étoit une fraction, il faudroit pour avoir la somme des termes de la progression, soit qu'elle fût croissante ou décroissante, *multiplier le plus petit des termes extrêmes par la raison, ôter le plus grand du produit, et diviser le reste par la raison diminuée de l'unité.*

Il est vrai que, dans cette division, le dividende et le diviseur seroient des nombres négatifs; mais comme il est démontré qu'une quantité négative, divisée par une quantité négative, donne un quotient positif, notre méthode n'en conduiroit pas moins surement au but, comme nous allons le justifier par deux exemples.

Proposons-nous de sommer les termes de la progression suivante, qui est croissante, et dont la raison est $\frac{1}{2}$; ÷÷ $\frac{3}{16}$: $\frac{3}{8}$: $\frac{3}{4}$: 1 $\frac{1}{2}$: 3.

Le plus petit des extrêmes étant ici $\frac{3}{16}$, je le multiplie par la raison $\frac{1}{2}$; j'ôte du produit $\frac{3}{32}$ le plus grand terme 3, ou $\frac{96}{32}$; le reste est $\frac{-93}{32}$ (*a*), que je divise par la raison diminuée de l'unité, ou par $\frac{1}{2}$ moins 1, ou enfin par $\frac{-1}{2}$; le quotient est $\frac{186}{32}$ (125), ou 5 $\frac{13}{16}$.

Qu'on additionne, en effet, les cinq termes de la progression proposée, et l'on trouvera que leur somme est également 5 $\frac{13}{16}$.

Pareillement en cherchant, par la même méthode, la somme des termes de la progression suivante, qui est décroissante et dont la raison

---

(*b*) On a vu (30) que si on a un nombre quelconque 3 à soustraire de 5, on peut écrire 5 — 3 = 2; mais si l'on vouloit retrancher 5 de 3, il faudroit écrire : 3 — 5 = — 2; expression qui fait connoître qu'on a retranché de 3 la partie de 5 qui pouvoit en être ôtée, et que l'autre partie 2 a été laissée sous la forme d'une soustraction indiquée et qui n'a pu s'exécuter.

est $\frac{2}{3}$, ÷÷ 2 : $1\frac{1}{3}$: $\frac{8}{9}$: $\frac{16}{27}$: $\frac{32}{81}$, on trouvera qu'elle est $5\frac{17}{81}$.

Nous allons appliquer les principes des progressions à des questions.

280. *Première Question.* On a payé une somme d'argent en 24 paiemens, dont le premier a été de 3#, le second de 5#, et dont chacun des autres a été en augmentant ainsi de 2#; on demande quel a été le montant du vingt-quatrième paiement?

Puisque chaque paiement a surpassé le précédent de la même quantité 2, leur suite forme une progression arithmétique (263) dont la raison est 2; et comme d'ailleurs le premier terme en est connu, la question se réduit à trouver le 24e. terme d'une progression, dont le premier terme est 3 et la raison 2.

Ainsi, en multipliant (265) la raison 2 par le nombre des termes 23 qui précèdent le 24e., ce qui donnera 46, et en ajoutant à ce produit le premier terme 3, la somme 49 sera le montant du 24e. terme que l'on demande.

281. *Deuxième Question.* On veut faire 12 paiemens, dont le premier soit 4 et le dernier 37, et dont chacun surpasse celui qui le précède de la même quantité. On demande de combien sera l'augmentation successive de chacun de ces paiemens?

Puisque cette augmentation sera la même pour tous, leur suite formera une progression arithmétique, dont cette même augmentation sera la raison (263).

La question se réduit donc à trouver la raison d'une progression arithmétique dont on connoît le premier et le dernier termes, ainsi que le nombre de tous les termes.

Or le douzième 37 doit être composé (265) du premier terme 4 ajouté à la raison répétée 11 fois; donc en ôtant 4 de 37, et en divisant le reste 33 par 11, le quotient 3 exprimera l'augmentation successive de chacun des paiemens.

282. *Troisième Question.* On se propose de faire un nombre de paiemens qui aillent en augmentant continuellement de 4 francs, dont le premier soit de 6 fr., et le dernier de 46 fr.; on demande quel sera le nombre de ces paiemens.

Chacun des paiemens devant augmenter continuellement d'une même quantité, leur totalité composera une progression arithmétique (263), dont la question exige qu'on trouve le nombre des termes, à l'aide du premier et du dernier et de la raison qui sont connus.

Ainsi, en ôtant le premier terme 6 du dernier 46, le reste 40 sera composé (265) de la raison multipliée par le nombre des termes qui précèdent le dernier; donc en divisant ce reste par la raison 4 qu'on connoît, le quotient 10 marquera qu'il y a dix termes avant le dernier, et que, par conséquent, la progression en aura 11; ainsi on aura onze paiemens à faire.

283. *Quatrième Question.* On avoit un panier de pommes placé à 4 mètres de distance du premier d'une file de 100 arbres éloignés l'un de l'autre de 5 mètres ; on a porté une pomme au pied de chaque arbre, en revenant à chaque fois au panier en prendre une autre pour l'arbre suivant ; on desire savoir combien on a fait de chemin.

Le panier se trouvant à quatre mètres du premier arbre, on a fait pour y aller porter une pomme et pour revenir au panier, 8 mètres de chemin.

Le second arbre étant à 5 mètres plus éloigné que le premier, on a fait pour y porter une pomme et pour revenir au panier, 10 mètres de chemin de plus que pour le premier.

Par la même raison, on a fait 10 mètres de plus pour le troisième arbre qne pour le second ; et enfin pour chacun des autres arbres, jusqu'au centième, 10 mètres de plus que pour le précédent.

Ainsi les cent longueurs de chemin qu'on a parcourues en allant et en revenant, pour les cent arbres, forment une progression arithmétique de 100 termes dont le premier est 8, la raison 10, et dont la question exige qu'on trouve la somme des 100 termes.

En conséquence, en multipliant la raison de la progression par le nombre des termes qui précèdent le centième, ou par 99, et en ajoutant au produit 990, le premier terme 8, on aura 998 pour le centième terme de la progression (265).

Puis ajoutant (276) les deux extrêmes 8 et 998 de cette progression, et multipliant la somme 1006, par la moitié 50 du nombre de ses termes, le produit 50300, qui sera la somme de tous les termes de la progression, marquera la quantité de chemin qu'on a faite, et qui, évaluée en lieues (anciennes), en vaut 11 environ.

284. *Cinquième Question.* Un échiquier a, comme l'on sait, 64 cases : si l'on plaçoit 1 grain de millet sur la première case; 2 sur la deuxième; 4 sur la troisième, et ainsi de suite, toujours en doublant, jusqu'à la 64e. inclusivement, on demande combien tout cela feroit de grains de millet.

Avec un peu d'attention, on voit que cette question se réduit à trouver la somme des termes d'une progression géométrique dont on connoît le premier 1, la raison 2, et le nombre des termes 64.

Il faut donc multiplier (278) le dernier terme par la raison 2, et retrancher du produit le premier terme 1.

Mais comme on ne connoît pas le dernier terme, il faut pour l'avoir (266), multiplier le premier 1 par la raison élevée à la puissance marquée par le nombre des termes qui précèdent ce dernier terme, c'est-à-dire par la 63e. puissance de 2, qu'on trouvera être 9223372036854775808; ce qui donnera ce dernier nombre même qu'on multipliera ensuite par la raison 2, pour retrancher du produit le premier terme 1, et on aura définitivement, pour réponse à la question, le nombre 18446744073709551615.

285. *Sixième Question.* Une personne ayant joué quitte ou double contre une autre, a perdu 10 fois de suite ; elle avoit joué 4 fr. la première fois ; de combien a été la perte du 10e. coup?

Cette question est de la même espèce que celle où l'on proposeroit de trouver le 10e. terme d'une progression géométrique, dont le premier seroit 4, et la raison 2 ;

Ainsi (266) on multipliera le premier terme 4 par la neuvième puissance de la raison 2, qui est 512, et le produit 2048 satisfera à la question.

286. *Septième Question.* Un centenaire a 3 enfans, chacun desquels en a aussi 3, qui à leur tour en ont également 3 chacun ; et ainsi de suite jusqu'à la cinquième génération inclusivement ; on demande de combien d'individus se compose cette postérité du vieillard?

La première génération se composant de 3 individus qui ont chacun 3 enfans, la seconde génération est donc composée de 3 fois 3 ou de 9 individus.

Et ces 9 individus ayant pareillement 3 enfans chacun, la troisième génération se compose donc de 9 fois 3, ou de 27 individus, et ainsi de suite;

Où l'on voit que le nombre des individus de chaque génération est 3 fois plus grand que celui des individus de la génération qui précède,

Et que, par conséquent, la suite de ces générations forme une progression géométrique croissante, dont le premier terme est 3, la raison 3, le nombre des termes 5; et dont il s'agit de trouver la somme des termes.

On cherchera d'abord le dernier terme, en multipliant (266) le premier 3, par 81, quatrième puissance de la raison; ce qui donnera 243 pour ce dernier terme.

On multipliera ensuite 243 par la raison (278); puis du produit 729, on retranchera le premier terme 3; et enfin divisant le reste 726, par la raison diminuée de l'unité, ou par 2, le quotient 363 déterminera le nombre des individus dont se compose la famille du centenaire.

287. *Huitième Question.* Un maquignon a un fort beau cheval à vendre : un amateur se présente pour l'acheter; mais effrayé du prix, il hésite à en faire l'acquisition. Le marchand, pour le décider, propose de se contenter de la valeur du 24ᵉ. clou des fers du cheval, payé à raison d'un centime pour le premier clou, de 2 centimes pour le second clou, de 4 centimes pour le troisième, et ainsi de suite, toujours en doublant, jusqu'au 24ᵉ.

L'acheteur trompé par l'apparence d'un prix aussi modéré, accepte le marché ; on demande de déterminer le prix du cheval.

Il s'agit ici de trouver le 24e. terme d'une progression géométrique dont le premier est 1, et la raison 2.

On multipliera donc (266) le premier terme 1 par la 23e. puissance de la raison 2, et le produit 8388608 donnera en centimes le prix du cheval, qui coûtera par conséquent 83886 francs 8 centimes.

On voit, par cet exemple, une nouvelle preuve du prodigieux effet des progressions croissantes.

DE PLUSIEURS REGLES

DÉPENDANTES DES PROPORTIONS.

De la Règle de Trois.

288. La *Règle de Trois* est, en général, une opération qui a pour objet de trouver le quatrième terme d'une proportion dont les trois autres sont connus. Nous la distinguerons en *règle de trois simple*, et en *règle de trois composée.*

La règle de trois simple est celle qui s'applique à des questions dont l'énoncé ne renferme jamais que trois quantités connues.

La règle de trois composée est ainsi nommée, parce qu'elle s'applique à des questions dont l'énoncé renferme plus de trois quantités connues, mais qu'on peut toujours réduire à ce nombre, en les composant.

299. La méthode pour faire la règle de trois, c'est-à-dire pour trouver le quatrième terme d'une proportion dont trois sont connus, a déjà été exposée, et consiste, comme on l'a vu (249), à diviser le produit des extrêmes par le moyen connu, si c'est un moyen que l'on cherche; et à diviser le produit des moyens par l'extrême connu, si c'est un extrême qu'il s'agit de trouver.

Mais il faut, en établissant la proportion, prêter la plus grande attention; car si on n'écrivoit pas les termes dans l'ordre qu'ils doivent avoir d'après l'état de la question, on n'obtiendroit qu'un faux résultat.

Pour prévenir toute erreur à cet égard, on observera que les quatre termes, y compris l'inconnu, renfermés dans l'énoncé de toute question qui donne lieu à la règle de trois, expriment des quantités qui ne sont jamais que de deux natures différentes; or, on formera chaque rapport de la proportion, de deux termes exprimant deux quantités d'une même nature, et de manière que les antécédens se trouvent pareillement ou plus grands ou plus petits que les conséquens, dans les deux rapports.

Des exemples éclairciront ce procédé qui rend inutile la distinction que l'on fait ordinairement des règles de trois dites *directes* et *inverses*, facilite et simplifie d'autant ces sortes de règles.

300. *Première Question.* Cinquante ouvriers ont fait, en un certain temps, 435 mètres d'ouvrage ; combien 70 ouvriers en feroient-ils dans le même temps ?

En examinant la question, on voit que ce sont des mètres qu'il s'agit de trouver, et que le nombre en sera plus grand que celui des mètres renfermés dans l'énoncé de la question ; puisqu'il n'est pas douteux que le travail de 70 ouvriers doit, dans un temps égal, être plus considérable que celui de 50 ouvriers.

Il faudra donc dire : le plus grand nombre de mètres que je cherche, et que j'exprimerai par x, est au plus petit nombre de mètres 435, que renferme l'énoncé de la question, comme le plus grand nombre d'ouvriers 70 est au plus petit nombre d'ouvriers 50, ou

$$x : 435 :: 70 : 50$$

Il n'y a pas de doute que ces quatre quantités ne soient en proportion ; car le travail devant être d'autant plus fort ou plus foible, que les ouvriers sont plus ou moins nombreux ; les deux nombres de mètres d'ouvrage et les deux nombres d'ouvriers sont nécessairement en rapport égal, et forment par conséquent une proportion.

Multipliant donc 435 par 70 (249), on aura 30450 pour produit ; et ce produit divisé par 50 donnera 609 pour quotient, et pour le nombre de mètres d'ouvrage cherché.

On conçoit qu'on auroit également pu former la proportion, en disant : le plus petit nombre de mètres 435, est au plus grand nombre de mètres x, comme le plus petit nombre d'ouvriers 50 est au plus grand nombre d'ouvriers 70.

Et enfin que les deux nombres de mètres dont on a composé le premier rapport, auroient pu servir à former le second, à la place des deux nombres d'ouvriers, qui alors auroient formé le premier rapport.

301. *Deuxième Question*. Vingt-quatre mètres de drap ayant coûté 720 francs, on demande ce que coûteront 45 mètres du même drap?

Il ne faut que la plus simple attention pour voir que ce sont des francs que l'on cherche ; et que le nombre en doit être plus grand que celui des 720 francs renfermés dans l'énoncé de la question, puisque 45 mètres de drap doivent évidemment coûter plus cher que 24 mètres du même drap.

On dira donc : le plus grand nombre de francs x que je cherche, est au plus petit nombre de francs 720 renfermé dans l'énoncé de la question, comme le plus grand nombre de mètres 45, est au plus petit nombre de mètres 24, c'est-à-dire,

$$x : 720 :: 45 : 24$$

Ou en divisant, pour simplifier l'opération,

les deux conséquens par un même nombre 24, ce qui ne trouble point la proportion (250).

$$x : 30 :: 45 : 1$$

Et après avoir multiplié les deux moyens 30 et 45, et divisé le produit 1350 par l'extrême connu 1, on trouvera 1350 pour le nombre de francs que l'on cherche.

302. *Troisième Question*. Quinze cents chevaux ont consommé un magasin de fourrage en 30 jours, combien auroit-il fallu de temps à 2400 chevaux, pour épuiser le même magasin?

L'examen de la question fait connoître que ce sont des jours qu'il s'agit de trouver, et que le nombre en doit être plus petit que celui des jours renfermé dans l'énoncé ; puisque la consommation d'un même magasin de fourrage doit être bien plutôt achevée par 2400 chevaux que par 1500.

Il faut donc dire : le plus petit nombre de jours x que je cherche, est au plus grand nombre de jours 30 que renferme l'énoncé de la question, comme le plus petit nombre de chevaux 1500, est au plus grand nombre de chevaux 2400 ; ou

$$x : 30 :: 1500 : 2400$$

ou enfin en divisant, pour simplifier l'opération, les deux termes du dernier rapport par 300, ce qui ne trouble point la proportion, puisque ce rapport ne changeant pas par la division (235) de ses deux termes par un même nombre, il continue d'être égal au premier:

$$x : 30 :: 5 : 8$$

Et multipliant l'un par l'autre les deux moyens 30 et 5, et divisant le produit 150 par 8, on trouvera 18 $\frac{3}{4}$ jours, pour réponse à la question.

Cette question, de même que la suivante, est du nombre de celles dont la solution dépend de la règle de trois appelée *inverse;* et l'on voit que, pour la résoudre, il n'a pas fallu faire un autre raisonnement, ni suivre une autre marche que pour les questions précédentes, qui appartiennent à la règle de trois directe.

303. *Quatrième Question.* Dans une ville de guerre assiégée, et dont toutes les communications sont fermées, il reste encore une assez grande provision de farine, pour qu'on puisse distribuer, pendant 45 jours, à chaque soldat de la garnison, une livre de pain par jour: à combien faudroit-il fixer cette ration journalière, pour que la provision de farine pût durer 75 jours?

On voit que c'est une quantité de pain que l'on cherche, et que cette quantité doit être plus petite que celle énoncée dans la question; puisqu'il faut évidemment réduire la distribution de chaque jour, si l'on veut que la même provision de farine dure 75 jours, au lieu de 45.

Ainsi l'on dira : la plus petite quantité x du pain que je cherche, est à la plus grande quantité 1 que renferme l'énoncé de la question, comme le plus petit nombre de jours 45, est au plus grand nombre de jours 75, ou :

$$x : 1 :: 45 : 75$$

Puis, multipliant 1 par 45, et divisant le produit 45 par 75, on aura $\frac{45}{75}$ ou $\frac{3}{5}$, pour quotient. Il faudra donc réduire la ration journalière d'une livre de pain à 3 cinquièmes de livre.

304. *Cinquième Question*. Il faut à une dame, pour se faire une robe, 6 mètres de mousseline large de $\frac{2}{3}$; combien, pour le même objet, lui faudroit-il de mètres d'une étoffe large de $\frac{3}{4}$?

Il est évident que le nombre de mètres de cette dernière étoffe, qu'il faudra et que l'on cherche, sera moins grand que le nombre de mètres de mousseline énoncé dans la question, puisque cette étoffe est plus large que la mousseline.

Il faudra donc dire : le plus petit nombre de mètres x que je cherche, est au plus grand nombre de mètres 6 énoncé dans la question, comme la plus petite largeur $\frac{2}{3}$ est à la plus grande largeur $\frac{3}{4}$, c'est-à-dire :

$$x : 6 :: \frac{2}{3} : \frac{3}{4}$$

Et multipliant l'un par l'autre les deux moyens 6 et $\frac{2}{3}$, on aura $\frac{12}{3}$ ou 4 pour produit qui, divisé par l'extrême $\frac{3}{4}$, donnera au quotient, et pour réponse à la question, $\frac{16}{3}$ de mètres, ou 5 mètres $\frac{1}{3}$;

ou enfin, en réduisant en décimales, $5^{m}33^{c}$ à moins d'un centimètre près.

305. *Sixième Question.* Pour garnir les murs d'une chambre, il faudroit 36 mètres de papier peint de la largeur de $\frac{4}{5}$ de mètre ; combien faudra-t-il de papier de la largeur de $\frac{5}{4}$?

Il est visible que ce dernier papier étant plus large que l'autre, il en faudra moins de mètres; ainsi l'on établira la proportion comme il suit : le plus petit nombre de mètres cherché x, est au plus grand nombre de mètres 36, énoncé dans la question, comme la plus petite largeur $\frac{4}{5}$ est à la plus grande largeur $\frac{5}{4}$, ou :

$$x : 36 :: \frac{4}{5} : \frac{5}{4}$$

Ensuite on multipliera l'un par l'autre les moyens 36 et $\frac{4}{5}$; on divisera le produit $\frac{144}{5}$ par l'extrême connu $\frac{5}{4}$, et le quotient $\frac{576}{25}$, ou $23\frac{1}{25}$; ou enfin $23^{m}04^{c}$ satisfera à la question.

306. *Septième Question.* Un lion en bronze, placé sur le bassin d'un réservoir, jette de l'eau par les deux yeux et par la gueule. S'il n'en jetoit que par l'œil droit, il rempliroit le réservoir en 4 jours; il le rempliroit en 6 jours, s'il n'en jetoit que par l'œil gauche; et enfin en deux jours seulement, s'il n'en jetoit que par la gueule.

On demande en combien de temps l'eau sortant par ces trois ouvertures à la fois, rempliroit le réservoir?

D'après ces suppositions, l'eau rempliroit en un jour $\frac{1}{4}$ du réservoir, en ne sortant que par l'œil droit du lion, $\frac{1}{4}$ en sortant par l'œil gauche, et $\frac{1}{2}$ en sortant par la gueule; ainsi, en coulant par les trois ouvertures à la fois, elle rempliroit en un jour, $\frac{1}{6}+\frac{1}{4}+\frac{1}{2}$, ou $\frac{44}{48}$ du réservoir.

La question se réduit donc à celle-ci : *Si l'eau coulant par les trois ouvertures à la fois, remplit $\frac{44}{48}$ du réservoir en un jour, en combien de temps remplira-t-elle le réservoir entier ?*

Et on en aura la solution, en calculant le premier terme de la proportion suivante :

$$x^{\text{jours}} : 1^{\text{jour}} :: 1 : \frac{44}{48}$$

Multipliant donc les deux moyens l'un par l'autre, et divisant le produit 1 par l'extrême $\frac{44}{48}$, le quotient $\frac{48}{44}$ de jour, ou $1^{\text{jour}}\ 2^{\text{heures}}\ \frac{2}{11}$ répondra à la question.

Règle de Trois composée.

307. Nous avons déjà dit que la règle de trois composée ne diffère de la règle de trois simple, qu'en ce que l'énoncé des questions qui en dépendent, renferme plus de trois termes connus, mais qu'il est toujours possible de réduire à ce nombre, en les composant.

Avant d'entrer en explication sur le moyen de faire cette réduction, nous observerons que, dans l'énoncé de toutes les questions qui donnent lieu à la règle de trois, soit simple ou composée, on peut toujours distinguer deux causes et deux effets ; par exemple, dans l'énoncé de la question suivante :

Si 50 *ouvriers ont fait en un certain temps,* 435 *mètres d'ouvrage, combien* 70 *ouvriers en feront-ils dans le même temps?*

Les deux causes sont les deux nombres d'ouvriers ; et les deux effets sont les deux nombres de mètres d'ouvrage, puisque ce sont les ouvriers qui produisent les mètres d'ouvrage, et que, par conséquent, les premiers sont la cause et les derniers l'effet.

Dans cet exemple, chacune des deux causes est exprimée par un seul nombre ou terme ; et il en est de même de chacun des deux effets ; mais dans la question suivante :

308. *Première Question.* Cinquante ouvriers ayant fait, en 15 jours, 435 mètres d'ouvrage combien 70 ouvriers en feront-ils en 20 jours?

Chacune des deux causes est exprimée par deux termes, savoir : la première, par les nombres 50 et 15 d'ouvriers et de jours ; la seconde, par les nombres 70 et 20 d'ouvriers et de jours ; car les jours de travail concourent avec les ouvriers à produire les mètres d'ouvrage ; de telle sorte que, si on rendoit un certain nombre de fois plus grande ou plus petite, soit la quantité des jours de travail, soit la quantité des ouvriers, le nombre des mètres d'ouvrage augmenteroit dans chacun des deux cas, ou diminueroit en égale proportion.

309. Lors donc que, dans l'énoncé de la question, les deux causes ou les deux effets, ou tout à la fois les causes et les effets sont exprimés par plusieurs termes, on réduit à un seul les différens termes qui expriment chaque cause et chaque effet, en les multipliant ensemble. Le nombre des termes connus se trouve réduit ainsi à trois, et la question rentre dans la classe de celles qui appartiennent à la règle de trois simple.

Ainsi, dans la présente question, la première cause étant exprimée par les nombres 50 et 15 d'ouvriers et de jours; et la seconde cause par les nombres 70 et 20 d'ouvriers et de jours, je multiplie 50 par 15, et 70 par 20; j'ai les produits 750 et 1400, et la question est changée en celle-ci :

750 *ouvriers ayant fait* 435 *mètres d'ouvrage en un certain temps, combien* 1400 *ouvriers en feront-ils dans le même temps?*

Car il faut considérer que 50 ouvriers travaillant pendant 15 jours, doivent faire autant que 15 fois 50, ou 750 ouvriers qui travailleront pendant un jour;

Et que, pareillement, 70 ouvriers travaillant pendant 20 jours, doivent faire autant que 20 fois 70, ou 1400 ouvriers qui travailleront pendant un jour.

Reprenant donc la même marche que pour les règles de trois simples, j'observe que ce sont des mètres d'ouvrage qu'il s'agit de trouver, et que le nombre en doit être plus grand que celui des mètres énoncé dans la question, puisque le travail de 1400 ouvriers doit produire davantage que celui de 750 ouvriers. Je dirai donc : le plus grand nombre x de mètres que je cherche, est au plus petit nombre 435 de mètres, énoncé dans la question, comme le plus grand nombre d'ouvriers 1400 est au plus petit nombre d'ouvriers 750, ou :

$$x : 435 :: 1400 : 750$$

Je multiplie 435 par 1400 ; je divise le produit 609000 par 750, et le quotient 812 répond à la question.

310. *Deuxième Question.* 20 tisserands ont fait 300 mètres de toile en 18 jours ; en combien de jours 150 tisserands en feront-ils 2000 mètres ?

Je remarque que l'énoncé de cette question renferme plus de trois termes ; qu'on y distingue pour les deux effets des quantités de mètres de toile ; et que chacun de ces effets n'est exprimé que par un seul terme, savoir : le premier par le nombre 300, et le second par le nombre 2000 ;

Et que les deux causes, au contraire, se composent chacune de deux termes : la première, des nombres 20 et 18 de tisserands et de jours ; la seconde, du nombre 150 de tisserands, et de la quantité x des jours que l'on cherche.

Je multiplie donc l'un par l'autre les nombres

qui expriment chaque cause : j'ai les produits 360 et $150 \times x$; et je change la question en celle-ci :

360 *tisserands ont fait* 300 *mètres de toile ; combien faudra-t-il de tisserands pour en faire* 2000 *mètres dans le même temps ?*

J'observe que c'est un nombre de tisserands que je cherche ; et que ce nombre que je viens d'exprimer par $150 \times x$, doit être plus grand que celui des 360 tisserands que renferme le nouvel énoncé de la question ; je dis donc : le plus grand nombre $150 \times x$ de tisserands, que je cherche est au plus petit nombre 360 de tisserands, énoncé dans la question, comme le plus grand nombre 2000 mètres de toile est au plus petit nombre 300 de mètres de toile, ou :

$$150 \times x : 360 :: 2000 : 300$$

ou bien en divisant, pour simplifier, les deux termes du dernier rapport par 100 :

$$150 \times x : 360 :: 20 : 3$$

ou enfin, en divisant encore, pour simplifier, les deux conséquens par 3 :

$$150 \times x : 120 :: 20 : 1$$

Et après avoir multiplié l'un par l'autre les deux moyens 120 et 20, et divisé le produit par l'extrême connu 1, je trouve 2400 pour la valeur de $150 \times x$.

Mais si le nombre 2400 est la valeur de $150 \times x$, 2400 divisé par 150, sera la valeur de x (69);

faisant donc cette division, j'ai 16 pour quotient et pour réponse à la question.

311. *Troisième Question.* Un voyageur, marchant 8 heures par jour, a fait 240 lieues en 32 jours; en combien de temps feroit-il 560 lieues, s'il marchoit 9 heures par jour?

Dans cette question, chacun des deux effets est exprimé par un seul terme : le premier par le nombre de lieues, 240; le second par le nombre de lieues 560.

La première des deux causes se compose des nombres d'heures et de jours 8 et 32; et la seconde du nombre d'heures 9, et du nombre de jours que l'on cherche, et que je représenterai par x.

Je multiplie l'un par l'autre les deux nombres qui expriment chaque cause; j'ai les deux produits 256 et $9 \times x$; et en observant que marcher 8 heures par jour pendant 32 jours, est la même chose que marcher 32 fois 8, ou 256 heures, je change la question en celle-ci :

Un voyageur a fait 240 *lieues en* 256 *heures; en combien d'heures fera-t-il* 560 *lieues?*

Il est évident que le nombre d'heures qu'on demande par cette nouvelle question, et que je viens d'exprimer par $9 \times x$, est plus grand que le nombre d'heures 256 énoncé dans cette même question, puisqu'il faut plus de temps pour faire 560 lieues, que pour en faire 240.

Je dirai donc : le plus grand nombre d'heures $9 \times x$, que je cherche, est au plus petit nombre d'heures 256, énoncé dans la question, comme le plus grand nombre de lieues 560 est au plus petit nombre de lieues 240, c'est-à-dire :

$$9 \times x : 256 :: 560 : 240$$

ou, en simplifiant :

$$9 \times x : 256 :: 7 : 3$$

Et divisant le produit des moyens 1792, par l'extrême connu 3, j'ai 597 $\frac{1}{3}$ pour valeur de $9 \times x$.

Mais si 597 $\frac{1}{3}$ est la valeur de $9 \times x$, le neuvième de 597 $\frac{1}{3}$, ou 66 $\frac{10}{27}$ sera la valeur de x, et satisfera conséquemment à la question.

312. *Quatrième Question.* Si 10 personnes dépensent 750 fr. en 15 jours, en combien de jours 25 personnes dépenseront-elles 1200 fr.?

On remarquera dans cette question, que chacun des effets est exprimé par un seul terme, savoir : le premier par le nombre de francs 750; le second, par le nombre de francs 1200; et qu'au contraire, chacune des causes se compose de deux termes : la première, des nombres de personnes et de jours 10 et 15; la seconde, du nombre de personnes 25, et du nombre de jours demandé, qu'on représentera par x.

Réduisant donc à un seul terme chacune des deux causes, en multipliant ensemble les deux nombres qui la composent; et observant qu'une dépense de 15 jours, faite par 10 personnes, doit être la même que celle de 15 fois 10, ou 150 jours faite par une seule personne, on changera la question en celle-ci :

Si 150 *jours ont produit une dépense de* 750 f., *quel nombre de jours en produira une de* 1200 f. ?

Ce nombre de jours cherché, qui sera exprimé par $25 \times x$ devant nécessairement être plus grand que celui des jours énoncés dans la question, on dira : le plus grand nombre $25 \times x$ de jours que l'on cherche, est au plus petit nombre de jours 150 que renferme le nouvel énoncé de la question, comme le plus grand nombre de francs 1200, est au plus petit nombre de francs 750, ou :

$$25 \times x : 150 :: 1200 : 750$$

ou bien, en simplifiant :

$$5 \times x : 3 :: 1200 : 75$$

Et divisant le produit des moyens 3600 par l'extrême connu 75, on aura 48 pour valeur de $5x$, et par conséquent $9\frac{3}{5}$ pour valeur de x et pour réponse à la question.

313. *Cinquième Question.* 40 terrassiers travaillant 8 heures par jour, ont creusé, en 12 jours, un fossé long de 24 mètres, large de 6 mètres et profond de 7 mètres; on demande quelle sera la longueur d'un fossé large de 3 mèt. et profond de 15 mètres, que 30 terrassiers feront en 18 jours, en travaillant 7 heures par jour ?

On voit, dans cette question, que les effets comme les causes sont exprimés chacun par plusieurs termes ; que la première cause se compose des trois nombres de terrassiers, d'heures et de jours 40, 8 et 12 ; et la deuxième cause, des trois nombres de terrassiers, de jours et de d'heures 30, 18 et 7.

Que le premier effet est exprimé par les trois nombres de mètres 24, 6 et 7 ; et le second effet par les deux nombres de mètres 3 et 15, et par le nombre de mètres de la longueur que l'on cherche, et qui sera représenté par x.

Je réduis donc l'expression de chaque cause et de chaque effet à un seul terme, par la multiplication des différens nombres qui le composent, et j'ai pour termes simples les quatre nombres 3840, 3780, 1008 et $15 \times x$.

Puis je change la question proposée en celle-ci :

3840 *terrassiers ayant fait* 1008 *mètres d'ouvrage dans un certain temps, combien* 3780 *terrassiers en feront-ils dans le même temps ?*

Et comme le nombre de mètres d'ouvrage qu'il s'agit de trouver ici, et que je viens d'exprimer par $15 \times x$, est nécessairement plus petit que le nombre de mètres d'ouvrage énoncé dans la nouvelle question, puisque 3780 terrassiers doivent, en temps égal, faire moins que 3840, je dis :

Le plus petit nombre de mètres $5 \times x$ que je cherche, est au plus grand nombre de mètres 1008, énoncé dans la question, comme le plus petit nombre de terrassiers 3780, est au plus grand nombre de terrassiers 3840, ou :

$$15 \times x : 1008 :: 3780 : 3840$$

ou encore, en simplifiant :

$$15 \times x : 1008 :: 378 : 384$$

Et après avoir multiplié les deux moyens l'un par l'autre, et divisé le produit par l'extrême connu, je trouve pour valeur de $15 \times x$, $992 \frac{96}{384}$, ou $992^{m}25^{c}$;

Et par conséquent, le quinzième de ce nombre, $66^{m}15^{c}$, sera la valeur de x, et la longueur demandée.

314. *Sixième Question.* Si 16 ouvriers travaillant 9 heures par jour, élèvent en 32 jours un mur long de 50 mètres, haut de 6 mètres, et de l'épaisseur de $\frac{1}{2}$ mètre, quelle sera la longueur d'un mur haut de 5 mètres et de $\frac{1}{3}$ de mètre d'épaisseur, que feront 12 ouvriers, travaillant 8 heures par jour, pendant 24 jours ?

L'examen de cette question fait connoître que les deux causes et les deux effets sont également exprimés par plusieurs termes.

Que la première des deux causes se compose des trois nombres d'ouvriers, d'heures et de jours, 16, 9 et 32 ; et la deuxième, des trois nombres d'ouvriers, d'heures et de jours, 12, 8 et 24 ;

Que le premier des deux effets se compose des trois nombres de mètres 50, 6 et $\frac{1}{2}$, et le second, des deux nombres de mètres 5 et $\frac{1}{3}$, et du nombre de mètres qui déterminera la longueur demandée, et que j'exprimerai par x.

Multipliant donc, les uns par les autres, les nombres qui expriment chacune des causes et chacun des effets ; j'ai les quatre produits 4608, 2304, 150 et $\frac{5}{3} \times x$; donc les deux premiers marquent des nombres d'ouvriers, et les deux derniers, des nombres de mètres.

Et convertissant la question proposée en celle-ci:

Si 4608 *ouvriers font* 150 *mètres d'ouvrage, combien* 2304 *ouvriers en feront-ils dans le même temps*?

Je vois que le nombre de mètres qu'il s'agit ici de trouver, et que je viens de représenter par $\frac{5}{3} \times x$, sera plus petit que le nombre de mètres 150, énoncé dans la question, parce que 2304 ouvriers doivent faire moins que 4608 ouvriers.

Ainsi je dis : le plus petit nombre de mètres, $\frac{5}{3} \times x$ que je cherche, est au plus grand nombre de mètres 150, énoncé dans la question, comme le plus petit nombre d'ouvriers 2304 est au plus grand nombre d'ouvriers 4608, ou :

$$\frac{5}{3} \times x : 150 :: 2304 : 4608$$

Et après avoir fait les opérations ordinaires, je trouve 75 pour valeur de $\frac{5}{3} \times x$.

Mais si le nombre 75 est la valeur de $x \times \frac{5}{3}$, le quotient de la division de 75 par $\frac{5}{3}$, qui est 45, sera la valeur de x (69), et par conséquent la longueur demandée par la question proposée.

De la Règle de Compagnie ou de Société.

315. La règle de compagnie ou de société est ainsi nommée, parce qu'elle sert à partager, entre plusieurs associés, les bénéfices qui résultent des fonds qu'ils ont mis en société.

Elle consiste à faire autant de règles de trois qu'il y a d'associés, en observant de composer les deux rapports de chaque proportion, l'un de la mise totale en société et du bénéfice total ; l'autre, de la mise particulière d'un des associés, et de son bénéfice qui est encore inconnu, et qu'on représente ordinairement par une lettre de l'alphabet.

316. *Première Question.* Trois commerçans ont mis en société, un fonds de 100000 f., sur lequel le premier a fourni 25000 f. ; le second, 36000 f. ; et le troisième, 39000 f. Ce fonds leur a profité de 30000 f. ; combien revient-il à chacun pour sa part du bénéfice, proportionnellement à sa mise en société ?

J'établis les trois proportions suivantes, où le premier rapport de chacune est formé de la mise totale 100000 f. et du bénéfice total 30000 f. ; et le second rapport, de la mise particulière d'un des associés, et de son bénéfice que l'on cherche, et que je représente par x.

$$100000 : 300000 :: 25000 : x$$
$$100000 : 300000 :: 36000 : x$$
$$100000 : 300000 :: 39000 : x$$

Et divisant, dans chaque proportion, le produit des moyens par l'extrême connu, je trouve pour le bénéfice du premier, 7500 f.; pour celui du second, 10800 f.; et pour celui du troisième, 11700 f.

On voit qu'en effet, ces trois bénéfices particuliers sont entre eux dans le rapport des mises particulières, et que leur somme est égale au bénéfice total 30000.

317. *Deuxième Question.* Quatre fermiers se sont associés, et ont mis en société, le premier, 400 sacs de blé; le second, 275 sacs; le troisième, 420; et le quatrième, 480.

La totalité des grains a été vendue 18100 f.; on demande quelle part de cette somme il revient à chacun?

On établira les quatre proportions suivantes, dont le premier rapport de chacune se compose de la somme totale 1575 des sacs mis en société, et du prix total de la vente 18100; et le second rapport, du nombre des sacs mis en société par l'un des fermiers, et de la part exprimée par x, qui lui revient du prix total de la vente.

$$1575 : 18100 :: 400 : x$$
$$1575 : 18100 :: 275 : x$$
$$1575 : 18100 :: 420 : x$$
$$1575 : 18100 :: 480 : x$$

Et en cherchant, par les opérations que la règle de trois indique, chaque valeur de x, on trouvera pour la part du produit de la vente qui revient au premier, $4596^{f}83^{c}$; $3160^{f}32^{c}$ pour celle du second ; $4826^{f}66^{c}$ pour celle du troisième ; et enfin $5516^{f}19^{c}$ pour celle du quatrième ; lesquelles parts, dans leur totalité, sont égales au produit total de la vente, 18100.

318. *Troisième Question.* Trois négocians ont mis en société, le premier 1200 f. qui y sont restés 8 mois ; le second 10000 f. qui y sont restés 6 mois ; et le troisième 9000 f., qui y sont restés 4 mois.

Ils ont fait, avec ces différens fonds, dont la somme s'élève à 31000 f., un bénéfice de 14000 f. ; on demande combien il revient, sur ce bénéfice, à chaque associé, relativement à sa mise, et au temps qu'elle est restée en société.

Pour résoudre ces sortes de questions qui appartiennent à la règle de compagnie qu'on appelle *règle de compagnie par temps*, il faut multiplier chaque mise particulière, par le temps qu'elle est restée en société.

Chaque proportion à établir pour déterminer le bénéfice de chaque associé, ne renfermera plus alors que trois termes connus, et la question rentrera dans la classe de celles qui dépendent de la règle de compagnie simple, et se résoudra de la même manière.

Ainsi, dans l'exemple proposé, on multipliera 12000 f. par 8, 10000 f. par 6, et 9000 f. par 4 ; on aura les trois produits 96000 f., 60000 f. et

36000 f. ; et la question proposée se changera en celle-ci :

Trois négocians ont mis en société ; le premier, 96000 f. ; *le second*, 60000 f. ; *et le troisième,* 36000 f. ; *ils ont fait avec ces différens fonds, dont la somme s'élève à* 192000 f., *un bénéfice de* 14000 f. ; *on demande combien il revient sur ce bénéfice à chaque associé, proportionnellement à sa mise ?*

On sentira qu'en effet, 12000 f. qui restent dans la société pendant 8 mois ; 10000 f. qui y restent pendant 6 mois ; et 9000 f. qui y restent pendant 4 mois, doivent procurer le même bénéfice que 8 fois 12000 f., ou 96000 f. ; que 6 fois 10000 f., ou 60000 f. ; que 4 fois 9000 f., ou 36000 f., qui resteroient dans la société pendant un mois.

Et que par conséquent partager le nombre 14000, en parties qui soient proportionnelles aux nombres 96000, 60000 et 36000 ; c'est le partager dans le rapport de la mise de chaque associé, et du temps que cette mise est restée en société.

On établira donc les trois proportions suivantes, dont le premier rapport de chacune est formé de la somme des mises des associés dans leur dernière évaluation, et du bénéfice total ; et le second rapport, de la mise et du bénéfice, exprimé par x, d'un des associés.

$$192000 : 14000 :: 96000 : x$$

$$192000 : 14000 :: 60000 : x$$

$$192000 : 14000 :: 36000 : x$$

Et cherchant, par les opérations que prescrit la règle de trois, la valeur de x, dans chaque proportion, on trouvera pour la part du premier sur le bénéfice total, 7000 ; pour celle du second, 4375 ; et pour celle du troisième, 2625; la somme de ces trois parts étant égale au bénéfice total, 14000 f.

319. *Quatrième question.* Deux capitalistes, associés pour une entreprise, ont fourni, le premier, une somme de 45000 f., qui est restée dans la société pendant 15 mois 20 jours ; et le second, une somme de 27000 f., qui y est restée pendant 18 mois 10 jours. Ces capitalistes n'ayant pas réussi dans leur entreprise, et ayant au contraire éprouvé une perte de 12000 f., on demande quelle sera sur la perte commune, la perte particulière de chaque associé, relativement à sa mise en société, et au temps que cette mise est restée en société.

On commencera par réduire en jours, tout le temps que chaque mise est restée en société, en multipliant les nombres des mois par 30, ce qui donnera 470 pour le nombre des jours que la mise 45000 f. du premier associé sera restée en société; et 550, pour celui que la mise 27000 f. du second associé y sera restée.

On multipliera ensuite chaque mise par chaque nombre de jours ; les deux produits seront 21150000 f. et 14850000.

Et considérant que 45000 f. qui restent dans

la société pendant 470 jours, et 27000 f. qui y restent pendant 550 jours, doivent produire, soit pour le gain ou pour la perte, le même résultat que 470 fois 45000 f., ou 21150000 f.; et que 550 fois 27000 f., ou 14850000 f., qui resteroient dans la société pendant 1 jour, on changera la question proposée en celle-ci :

Deux capitalistes associés, pour une entreprise, ont fourni : le premier, 21150000 f.; *et le second*, 14850000 f.; *mais n'ayant pas réussi dans leur entreprise, et ayant au contraire éprouvé une perte de* 12000 f., *on demande quelle sera, sur la perte commune, la perte particulière de chaque associé, relativement à sa mise.*

On fera ensuite les deux proportions suivantes, qui auront chacune pour termes du premier rapport, la somme des mises, dans leur dernière évaluation, et la perte totale; et pour termes du second rapport, une des mises particulières, et la perte, exprimée par x, qui sera relative à cette mise :

$$36000000 : 12000 :: 21150000 : x$$
$$36000000 : 12000 :: 14850000 : x$$

Ou, en divisant, pour simplifier, les deux antécédens de chaque rapport par 10000, dans chacune des proportions :

$$3600 : 12000 :: 2115 : x$$
$$3600 : 12000 :: 1485 : x$$

Ou encore, en divisant, dans chaque proportion, les deux termes du premier rapport, par 1200 :

$$3 : 10 :: 2115 : x$$
$$3 : 10 :: 1485 : x$$

Enfin, cherchant par la règle de trois, la valeur de x, dans chaque proportion, on trouvera que la perte du premier associé doit être 7050 f. ; et que celle du second, doit être 4950 f. ; ces deux sommes égalent la perte totale 12000 f.

320. On a pu voir, par ce qui vient d'être dit, que le but de la règle de compagnie est, en général, de partager un nombre en parties, qui aient entre elles des rapports donnés ; elle peut donc servir à résoudre les questions suivantes :

321. *Cinquième question.* Partager 2520, en trois parties, qui aient entre elles les mêmes rapports que les nombres 3, 5, 7.

Si l'on y fait attention, l'on verra que cette question se rapporte exactement à celles qui précèdent, en considérant les nombres 3, 5 et 7, comme les mises en société de trois associés ; la somme 15 de ces nombres, comme leur mise totale ; et enfin 2520, comme le bénéfice qu'ils ont à partager ; en sorte que la question pourroit être présentée sous cette forme-ci :

Trois associés ont mis en société une somme de 15 f., *sur laquelle le premier a fourni* 3 f. ; *le second*, 5 f. ; *et le troisième* 7 f. *Ils ont fait un bénéfice de* 2520 f. ; *quelle sera, pour chacun, la part de ce bénéfice ?*

On établira donc les trois proportions suivantes, qui ont chacune, pour termes du premier rapport, la somme 15 et le nombre à partager 2520 ; et pour termes du second rapport, l'un des nombres 3, 5, 7 et la partie proportionnelle cherchée de 2520, qui y est relative, et qui est représentée par x :

$$15 : 2520 :: 3 : x$$
$$15 : 2520 :: 5 : x$$
$$15 : 2520 :: 7 : x$$

Et après avoir cherché, par la règle de trois, les trois valeurs de x, on trouvera les nombres 504, 840 et 1176, dont la somme est égale à 2520 ; et qui de plus sont entre eux dans les rapports demandés ; puisque

$$3 : 5 :: 504 : 840,$$

et que. . . $5 : 7 :: 840 : 1176$

322. *Sixième Question.* Une mère destine à ses trois filles, 360 f. pour étrennes, à condition que cette somme leur sera répartie proportionnellement à leur âge : l'aînée a 16 ans, la cadette 12 ans, et la plus jeune 8 ans, quelle sera la part de chacune ?

J'établis les trois proportions suivantes, dont le premier rapport se compose, dans chacune, de la somme 36 des nombres 16, 12 et 8, qui marquent dans quelle proportion se fera le partage, et du nombre à partager 360 ; et le second rapport d'un des trois nombres proportionnels

16, 12, 8, et de la partie de 360 f. qui doit y répondre, et qui est représentée par x :

36 : 360 :: 16 : x
36 : 360 :: 12 : x
36 : 360 :: 8 : x

Je cherche par la règle de trois, les trois valeurs de x, et je trouve les sommes 160 f., 120 et 80 f., dont le montant égale 360 f., et qui sont entre elles dans le rapport prescrit.

Puisque 16 : 12 :: 160 : 120
Et que 12 : 8 :: 120 : 80

DE LA REGLE D'ALLIAGE.

323. La *règle d'alliage* est une opération par laquelle on mêle ensemble plusieurs quantités de différentes valeurs, pour en composer d'autres d'une valeur moyenne.

Les questions qui appartiennent à cette règle sont de deux espèces.

Dans l'une il s'agit de trouver la valeur moyenne de plusieurs sortes de choses, dont le nombre et la valeur particulière de chacune sont déterminés.

Dans l'autre il s'agit de trouver quelle portion de chacune des quantités à mêler doit entrer dans le mélange, après qu'on a indiqué et le prix de chacune, et le prix du mélange.

Première espèce d'alliage.

324. *Première Question.* On a mêlé ensemble des grains de trois prix différens ; savoir : 80 kilolitres (*a*) de grains à 100 francs ; 60 kilolitres à 95 f., et 10 kilolitres à 105 fr. ; on demande combien doit valoir le kilolitre du mélange ?

Pour résoudre ces sortes de questions, il faut multiplier la valeur de chaque espèce de choses, par le nombre des choses qui appartiennent à cette espèce ; ajouter ensuite tous les produits, et diviser la somme par le nombre total des choses de toutes les espèces.

Ainsi dans la question proposée, on multipliera chaque prix par le nombre de kilolitres de l'espèce respective des grains ; c'est-à-dire 100 f. par 80, 95 f. par 60, et 105 f. par 10.

L'on aura les produits 8000 f., 5700 f. et 1050 f., dont on divisera la somme 14750 f. par le nombre 150 de tous les kilolitres des trois espèces de

---

(*a*) Nous avons déjà dit (196) que le mot *Litre* est le nom de la nouvelle mesure *de capacité* ; le mot *kilo*, qui se trouve ici placé devant, veut dire *mille*.

On fait souvent précéder les noms des nouvelles mesures de l'un des quatre mots *myria*, *kilo*, *hecto* et *déca* ; le premier de ces mots signifie *dix mille* ; le second, *mille* ; le troisième, *cent* ; le quatrième, *dix*.

Ainsi les mots composés *myriamètre*, *hectogramme*, etc., signifient *dix milles mètres*, *cent grammes*, etc.

grains ; et le quotient 98f33c à moins d'un centime près, fera connoître que le prix du kilolitre du mélange doit être de quatre-vingt-dix-huit francs trente-trois centimes.

Car il est évident que si les 150 kilolitres des trois espèces de grains mêlés valent ensemble 14750f., un seul kilolitre du mélange doit valoir la 150e. partie de 14750 f., ou $\frac{14750}{150}$, ou enfin 98 francs 33 centimes, à moins d'un centime près.

325. *Deuxième Question* On veut fondre ensemble deux lingots d'or : le premier, au titre (*a*), de 0,91, et du poids de 84 hectogrammes ; le deuxième, au titre de 0,78 et du poids de 72 hectogrammes ; on demande à quel titre sera le lingot du mélange.

On multipliera le titre de chaque lingot par le nombre qui exprime son poids ; c'est-à-dire, 0,91 par 84 et 0,78 par 72 ; on ajoutera ensemble les produits 76,44 et 56,16 ; l'on divisera la somme 132,60 par le nombre 156 d'hectogrammes que pèsent ensemble les deux lingots ; et l'on trou-

---

(*a*) Les pièces de monnoie ne sont jamais d'or ou d'argent pur ; il y a toujours un alliage ou mélange de matière étrangère, qui s'évalue en décimales : si, dans une pièce d'or ou d'argent, il y a un dixième d'alliage, on dit que la pièce est au titre de neuf dixièmes, parce qu'elle ne contient que cette quantité d'or ou d'argent pur. Si l'alliage étoit de neuf centièmes, on diroit que la pièce est au titre de 91 centièmes, etc.

vera que celui du mélange doit être au titre de 0,85.

326. *Troisième Question.* On a fondu et mêlé ensemble 40 écus, dont 15 au titre de 0,96; 20 au titre de 0,9; et 5 au titre de 0,88; à quel titre sera l'écu du mêlange?

On multipliera chaque titre différent par le nombre des écus qui tiennent ce titre, c'est-à-dire, 0,96 par 15, 0,9 par 20, et 0,88 par 5; on divisera la somme 36,8 des produits, par le nombre 40 de tous les écus; et le quotient 0,92 fera connoître que l'écu du mêlange sera au titre de neuf dixièmes deux centièmes, ou de 92 centièmes.

327. *Quatrième Question.* Dans un espace de 20 années, le revenu annuel d'une terre a varié de manière qu'il a été de 10000 f. pendant 5 ans, de 10500 f. pendant 8 ans, et de 9800 f. pendant 7 ans; on demande quel a été le revenu moyen de la terre pendant ces vingt années.

On multipliera chaque revenu différent par le nombre des années auxquelles il est relatif; c'est-à-dire, 10000 f. par 5, 10500 f. par 8 et 9800 f. par 7; on additionnera les produits 50000 f., 84000 f. et 68000 f.; et divisant la somme 202600 f. par le nombre 20 de toutes les années, on aura 10130 f. pour quotient et pour réponse à la question.

328. *Cinquième Question.* On emploie 400 ouvriers, dont 100 à 4 f., 200 à 3 f. 25 centimes,

60 à 3 f. ; et 40 à 2 f. 75 centimes ; à combien revient le salaire de chaque ouvrier l'un portant l'autre ?

Multipliez chaque salaire différent par le nombre des ouvriers auxquels il est relatif ; c'est-à-dire, 4 f. par 100 ; 3^{f}25^{c} par 200 ; 3 f. par 60, et 2^{f}75^{c} par 40 ; ajoutez ensemble les produits 400 f., 650 f., 180 f. et 110 f. ; divisez la somme 1340 f. par le nombre 400 de tous les ouvriers, et le quotient 3^{f}35^{c} satisfera à la question.

Deuxième espèce d'alliage.

329. *Première Question.* On a deux litres de vin à différent prix ; l'un à 10 décimes, l'autre à 20 décimes : quelle partie de chacun de ces deux litres faut-il prendre pour en former un troisième du prix moyen de 14 décimes ?

Il est évident qu'en vendant chacun de ces vins au prix moyen de 14 décimes, on gagne 4 décimes sur le premier, lorsqu'on en perd 6 sur le second, et que, par conséquent le gain ne compenseroit pas la perte, si l'on ne faisoit pas entrer dans le mélange une plus forte partie du vin à 10 décimes que de celui à 20 décimes.

Il n'est pas moins évident que cette partie du vin à 10 décimes doit être d'autant plus ou moins forte comparativement à celle du vin à 20 décimes, que la perte est plus ou moins grande relativement au gain, c'est-à-dire que ces deux parties ou fractions de litres doivent être entre entre elles dans le rapport de la perte au gain, ou comme 6 est à 4.

On pourra donc les exprimer par deux fractions, dont l'une aura 6 et l'autre 4 pour numérateur; et j'ajoute que le dénominateur de chacune devra alors être 10, que l'on trouve en additionnant leurs numérateurs; car leur somme qui aura 10 pour numérateur, devant composer le litre du mélange, et par conséquent être égale à 1, doit aussi avoir 10 pour dénominateur, puisqu'une fraction n'est égale à l'unité qu'autant que son numérateur est égal à son dénominateur.

Ainsi, pour répondre à la question proposée, il faudra prendre $\frac{4}{10}$ du vin à 20 décimes et $\frac{6}{10}$ de celui à 10 décimes;

En effet, 1°. $\frac{4}{10} + \frac{6}{10}$ de litre $=$ 1 litre; 2°. $\frac{4}{10}$ de litre à 20 décimes $+ \frac{6}{10}$ de litres à 10 décimes $= 8 + 6$ ou 14 décimes.

330. De ce qui vient d'être dit, et qui est applicable à toutes les questions dépendantes de la deuxième espèce d'alliage, on peut déduire une méthode générale pour la solution de ces questions : cette méthode consiste à former deux fractions, qui aient chacune pour dénominateur la somme des nombres qui expriment la perte et le gain, et pour numérateur l'un de ces nombres.

Celle des deux fractions dont le numérateur

exprimera le gain ; déterminera la partie de la quantité au plus haut prix, qu'on devra faire entrer dans le mélange ; et celle dont le numérateur exprimera la perte, désignera la partie de la quantité au plus bas prix qui devra entrer dans ce même mélange.

331. *Deuxième Question.* On a deux kilogrammes d'or ; l'un au titre de 0,96, l'autre au titre de 0,84 ; on demande quelle partie de chacun de ces deux kilogrammes on devra prendre, pour former un troisième kilogramme, au titre moyen de 0,94.

Le plus fort titre devant diminuer de 2, ou perdre 2 dans le mélange, et le plus foible devant gagner 10, je forme les deux fractions $\frac{10}{12}$ et $\frac{2}{12}$, qui ont chacune pour dénominateur la somme 12 des nombres qui expriment le gain et la perte ; et pour numérateur l'un de ces deux nombres.

La première, dont le numérateur exprime le gain, fera connoître qu'il faut faire entrer dans la composition du kilogramme du mélange, $\frac{10}{12}$ ou $\frac{5}{6}$ du kilogramme au plus fort titre ; et la seconde, dont le numérateur exprime la perte, indiquera qu'il y faut faire entrer $\frac{2}{12}$ ou $\frac{1}{6}$ du kilogramme, au plus foible titre.

Effectivement $\frac{5}{6} + \frac{1}{6}$ de kilogramme $=$ 1 kilogramme ; et $\frac{5}{6} \times 0{,}96$; ou $0{,}80 + \frac{1}{6} \times 0{,}84$, ou $0{,}14 = 0{,}94$.

332. *Troisième Question.* Faire un hectolitre

de matière, du poids de 600 kilogrammes, en mêlant deux matières dont l'une pèse 720 kilogrammmes, et l'autre 540 kilogrammes, l'hectolitre.

Je remarque que le plus fort poids perdra 120 dans le mélange, et que le plus foible y gagnera 60.

Je forme en conséquence les deux fractions $\frac{60}{180}$ et $\frac{120}{180}$, qui ont pour dénominateur commun la somme des nombres qui expriment le gain et la perte.

Le numérateur de la première exprimant le gain, et celui de la seconde exprimant la perte, j'en conclus que $\frac{60}{180}$, ou $\frac{1}{3}$ de l'hectolitre du plus fort poids, ajouté à $\frac{120}{180}$, ou $\frac{2}{3}$ de l'hectolitre du poids le plus foible, composera un troisième hectolitre, du poids moyen de 600 kilogrammes.

En effet, $\frac{1}{3} + \frac{2}{3}$ d'hectolitre $=$ 1 hectolitre, et $\frac{1}{3}$ de 720 kilogrammes $+$ $\frac{2}{3}$ de 540 kilogrammes $= 240 + 360$, ou 600 kilogrammes.

333. *Quatrième Question.* En supposant qu'un mètre cube d'eau de mer pèse 1057 kilogrammes, et qu'un mètre cube d'eau de pluie pèse 1000 kilogrammes; combien faudroit-il mêler ensemble d'eau de mer et d'eau de pluie, pour faire de l'eau du poids de 1019 kilogrammes, le mètre cube.

On remarquera que, par le mélange, le plus fort poids diminuera de 38, ou perdra 38, et que le plus foible gagnera 19.

Ainsi on formera les deux fractions $\frac{19}{57}$ et $\frac{38}{57}$, dont chacune a pour dénominateur la somme de ces deux nombres 19 et 38, et l'un de ces mêmes nombres pour numérateur.

Et l'on verra par la première, dont le numérateur exprime le gain, et par la seconde, dont le numérateur exprime la perte, que $\frac{19}{57}$ ou $\frac{1}{3}$ du mètre cube d'eau de mer, avec $\frac{38}{57}$ ou $\frac{2}{3}$ de mètre cube d'eau de pluie, composeront 1 mètre cube d'eau de mélange, du poids de 1019 kilogrammes.

DE LA REGLE DE FAUSSE POSITION.

334. La règle de fausse position a pour objet de partager un nombre ou partie d'un nombre, suivant des conditions données, et encore de parvenir à la connoissance de ce nombre, au moyen de quelques-unes de ses parties qu'on a déterminées.

Et on la nomme ainsi, parce que le partage qu'on s'y propose ne s'exécute qu'à l'aide d'un autre nombre qu'on prend arbitrairement, mais qui doit pourtant renfermer les conditions de la question.

On en distingue de deux espèces, savoir : la règle d'une fausse position, et la règle de deux fausses positions; et elles ne diffèrent entre elles qu'en ce que, dans la première, on ne prend qu'un nombre arbitrairement; et que dans la seconde, il faut en prendre deux.

335. Nous suivrons, pour la solution des questions dépendantes de la règle de fausse position, une méthode nouvelle plus directe, et qui n'exigera ni la recherche souvent embarrassante pour des commençans, de ces nombres pris arbitrairement, et qui doivent cependant renfermer les conditions de la question, ni par conséquent la distinction de règle de fausse position simple et de règle de fausse position double.

335. D'après la définition même de la règle de fausse position, les questions qui donnent lieu à cette règle, sont de trois sortes :

La première a pour objet de partager un nombre suivant des conditions données ;

La seconde, de parvenir à la connoissance d'un nombre, au moyen de quelques-unes de ses parties qu'on a déterminées ;

La troisième, de partager partie d'un nombre proposé, suivant des conditions données.

Première sorte de Questions dépendantes de la Règle de fausse position.

336. *Première Question.* Partager 84 f. entre trois personnes, de façon que la deuxième ait le double, et la troisième le triple de la première.

On voit que la plus petite des trois parts sera celle de la première personne ; et puisque la deuxième part en doit être le double, et la troisième le triple, il est évident que les trois parts réunies vaudront 6 fois autant que la première.

Ainsi, en divisant 84 f. par 6, on aura 14 f. pour cette première part, qu'on doublera et triplera, pour avoir la deuxième et la troisième; en sorte que les trois parts seront 14 f., 28 f. et 42 f., dont la somme égale 84 f., et qui remplissent en outre les conditions de la question.

337. *La méthode générale pour résoudre cette première sorte de questions, est donc d'examiner attentivement combien la somme de toutes les parts vaut ou renferme de fois la plus petite, et de diviser par cette quantité de fois le nombre à partager; le quotient sera la plus petite part*, qui conduira, sans aucune difficulté, à la connoissance de chacune des autres, dont elle est une partie déterminée.

338. *Deuxième Question*. Partager 656 f. entre trois personnes, de manière que la deuxième ait trois fois autant que la première; et la troisième, autant que les deux autres ensemble.

D'après l'énoncé de la question, la deuxième part doit être triple de la première qui est la plus petite de toutes, et par conséquent la somme des deux vaudra quatre fois autant que la première; et comme la troisième doit être égale à cette somme : les trois parts réunies vaudront donc 8 fois autant que la première ou que la plus petite.

Ainsi, en divisant 656 par 8, le quotient 82 f. donnera la première part, qu'il faudra tripler pour avoir la deuxième, 246 f.; et quadrupler pour avoir la troisième, 328 f.

339. *Troisième Question*. Diviser 1080 en deux parties telles que la première soit les $\frac{2}{3}$ de la seconde.

Il importe de se rappeler ici ce que nous avons démontré (136), qu'*une fraction d'un nombre est contenue dans ce nombre autant de fois que l'indique l'inverse de cette même fraction.*

Puisque la première partie qui sera la plus petite, ne doit être que les $\frac{2}{3}$ de la seconde, celle-ci vaudra donc (136), $\frac{3}{2}$ fois autant que l'autre; par conséquent les deux parties réunies vaudront $\frac{3}{2}$ fois $+$ 1 fois; ou (en réduisant $\frac{3}{2}$ et 1 en fractions de même dénomination) vaudront $\frac{5}{2}$ fois autant que la plus petite; donc en divisant 1080 par $\frac{5}{2}$, le quotient indiquera que la première partie du nombre à partager doit être 432; la seconde sera par conséquent 648, puisque 432 est les $\frac{2}{3}$ de 648; on voit d'ailleurs que $432 + 648 = 1080$.

340. *Quatrième Question*. Diviser 153 en trois parties telles, que la première soit triple de la deuxième; et la deuxième, le $\frac{1}{5}$ de la troisième.

On voit par l'examen de la question, que de ces trois parties, c'est la deuxième qui sera la plus petite; et que la première devant en être le triple, les deux vaudront ensemble, quatre fois la deuxième.

D'un autre côté cette dernière ne devant être

que le $\frac{1}{5}$ de la troisième, celle-ci la contiendra cinq fois. Les trois parts réunies vaudront donc 9 fois la plus petite ; ainsi en divisant 153 par 9, le quotient 17 exprimera sa valeur, dont le triple 51 donnera celle de la première ; et le quintuple 85, celle de la troisième. Il est facile de s'assurer que la somme de ces trois parts est égale à 153.

341. *Cinquième Question.* Partager 595 f. entre trois personnes, de telle sorte que la deuxième ait le quadruple de la première ; et la troisième, 4 fois et $\frac{2}{3}$ ou $\frac{14}{3}$ de fois autant que les deux autres ensemble.

Puisque la part de la deuxième personne doit être quadruple de celle de la première, qui suivant l'état de la question, sera la plus petite, la somme de ces deux parts vaudra cinq fois la plus petite.

Et comme la troisième doit être égale à $\frac{14}{3}$ de fois cette somme, elle contiendra la plus petite $5 \times \frac{14}{3}$ ou $\frac{70}{3}$ de fois.

Ainsi les trois parts vaudront ensemble 5 fois $+ \frac{70}{3}$ de fois, ou $\frac{85}{3}$ de fois autant que la plus petite ; donc en divisant 595 par $\frac{85}{3}$, le quotient 21 déterminera la première part ; on la quadruplera pour avoir la deuxième 84 ; et on multipliera par $\frac{14}{3}$, la somme des deux, qui est 105, pour avoir la troisième 490. En additionnant ces trois parts, on trouvera pour somme le nombre à partager 595.

342. *Sixième Question.* Partager 2211 f. entre dix personnes, aux conditions que la neuvième n'aura que le $\frac{1}{4}$ de la part de l'une des huit premières qui seront égales; et la dixième, moitié de celle de la neuvième.

On observera que la dixième part n'étant que moitié de la neuvième, la somme des deux contiendra 3 fois la dernière, qui sera la plus petite des dix.

Que l'une des huit premières devant renfermer 4 fois la neuvième, et par conséquent 8 fois la dixième, les huit réunies contiendront 64 fois la dernière; et qu'ainsi la totalité des parts vaudra 67 fois autant qne la dernière.

En divisant donc 2211 f. par 67, le quotient 33 sera cette dernière part, au moyen de laquelle on trouvera que la neuvième doit être 66; et chacune des huit premières, 264.

343. *Septième Question.* Quelqu'un demande l'heure qu'il est; on lui répond que ce qu'il reste du jour est le $\frac{1}{8}$ du nombre des heures déjà écoulées; déterminer l'heure.

La durée du jour, à partir de minuit, est de 24 heures; et comme, d'après la supposition, ce qu'il en reste encore n'est que le $\frac{1}{8}$ de ce qu'il s'en est déjà écoulé, les heures sonnées feront, avec celles qui ne le sont pas, un nombre 9 fois aussi fort que celui de ces dernières; il faut donc, pour avoir celles-ci, diviser 24 heures par 9; et le quotient indiquera qu'il ne s'en faut plus que

2 heures 40 minutes que la journée de 24 heures ne soit finie ; et que par conséquent il est 9 h. 20 minutes du soir.

Deuxième sorte de Questions dépendantes de la Règle de fausse position.

344. *Huitième Question.* Trouver un nombre dont la $\frac{1}{2}$, le $\frac{1}{3}$ et le $\frac{1}{4}$ égalent 78.

Divisez 78 par la somme $\frac{13}{12}$ des fractions $\frac{1}{2}$, $\frac{1}{3}$ et $\frac{1}{4}$; et le quotient 78 sera le nombre cherché, dont la moitié, le tiers et le quart égalent en effet 78.

345. La méthode générale pour résoudre cette deuxième sorte de questions, est donc de *diviser le nombre qui renferme la valeur totale des parties désignées du nombre cherché, par la somme des fractions qui expriment ces parties.*

Pour se rendre raison de cette méthode, et en appliquant le raisonnement à la dernière question, on considérera que 78 étant les $\frac{13}{12}$ du nombre cherché, ce dernier doit contenir 78, $\frac{12}{13}$ de fois (136) ; et que par conséquent, en multipliant 78 par $\frac{12}{13}$ (68), ou, ce qui revient au même (125), en le divisant par $\frac{13}{12}$, on doit avoir ce nombre cherché.

346. *Neuvième Question.* Trouver un nombre dont les $\frac{3}{4}$ et les $\frac{5}{9}$ égalent 141.

On divisera 141 qui renferme les $\frac{3}{4}$ et les $\frac{5}{9}$ du nombre que l'on cherche, par la somme $\frac{47}{36}$ des deux fractions qui expriment ces quarts et ces neuvièmes ; et le quotient 108 sera ce nombre cherché, dont les $\frac{3}{4}$ et les $\frac{5}{9}$ égalent effectivement 141.

347. *Dixième Question.* On demande quel est le nombre dont le $\frac{1}{3}$ et les $\frac{3}{4}$ font $\frac{13}{48}$.

En divisant $\frac{13}{48}$ par la somme $\frac{13}{12}$ des fractions $\frac{1}{3}$ et $\frac{3}{4}$, on trouvera que ce nombre est $\frac{1}{4}$, dont le $\frac{1}{3}$ et les $\frac{3}{4}$ font en effet $\frac{13}{48}$.

348. *Onzième Question.* Une demoiselle a sur une pelote, une certaine quantité d'épingles dont on lui demande le nombre ; elle répond que les $\frac{2}{3}$, les $\frac{3}{4}$ et les $\frac{5}{6}$ du nombre font 108 : quel est donc ce nombre ?

C'est 48, que l'on trouve en divisant 108 par la somme $\frac{162}{72}$ ou $\frac{9}{4}$ des fractions $\frac{2}{3}$, $\frac{3}{4}$ et $\frac{5}{6}$, et dont les deux tiers, les trois quarts et les cinq sixièmes font 108.

349. *Douzième Question.* Quel est le nombre dont le $\frac{1}{3}$ ajouté à 64, égale ce nombre même ?

Un nombre, quel qu'il soit, est égal à ses $\frac{3}{3}$; or celui que l'on cherche étant égal à son $\frac{1}{3}$ + 64, 64 en est conséquemment les $\frac{2}{3}$; donc il contient 64 $\frac{1}{2}$ fois (136) ; donc en multipliant 64 par $\frac{3}{2}$(68), le produit $\frac{192}{2}$ ou 96 satisfera à la question : $\frac{96}{3} + 64 = 96$.

350. *Treizième Question.* Quel est le nombre dont la $\frac{1}{2}$ et le $\frac{1}{4}$ ajoutés à 26, font une somme égale à ce même nombre ?

En ajoutant ensemble les fractions $\frac{1}{2}$ et $\frac{1}{4}$, on aura $\frac{6}{8}$ ou $\frac{3}{4}$; et la question se réduira à trouver un nombre dont les $\frac{3}{4}$ ajoutés à 26, fassent une somme égale à ce nombre.

On observera qu'un nombre étant égal à ses $\frac{4}{4}$; et celui que l'on cherche devant égaler ses $\frac{3}{4} + 26$, 26 en est nécessairement le $\frac{1}{4}$; et que par conséquent, en multipliant 26 par 4, le produit 104 sera le nombre cherché, dont les trois quarts $78 + 26 = 104$.

351. *Quatorzième Question.* Quatre particuliers ont une somme à se partager, à condition que le premier en aura le $\frac{1}{3}$; le deuxième, le $\frac{1}{4}$; le troisième, le $\frac{1}{5}$; et le quatrième, le restant 312 f. Quelle est cette somme, et la part de chacun ?

Celles des trois premiers, valant ensemble le $\frac{1}{3}$ + le $\frac{1}{4}$ + le $\frac{1}{5}$, ou les $\frac{47}{60}$ du nombre cherché; et ce nombre étant égal à ses $\frac{60}{60}$, il faut que 312, part du quatrième, en soit les $\frac{13}{60}$, puisque les quatre parts réunies doivent composer les $\frac{60}{60}$; donc le nombre cherché contient 312, $\frac{60}{13}$ de fois (136), et par conséquent ce nombre est 1440 (68), produit de la multiplication de 312 par $\frac{60}{13}$; et prenant successivement le $\frac{1}{3}$, le $\frac{1}{4}$ et le $\frac{1}{5}$ de 1440, on trouvera 480 f. pour la première part; 360 f. pour la deuxième; et 288 f. pour la troisième ; lesquelles, ajoutées à la quatrième 312, donnent 1440 pour somme.

352. *Quinzième Question.* Une ville ayant

éprouvé trois violentes secousses de tremblement de terre, on suppose qu'il soit tombé la $\frac{1}{2}$ des maisons à la suite de la première secousse; qu'il en soit tombé les $\frac{3}{8}$ à la suite de la deuxième ; et le $\frac{1}{12}$ à la suite de la troisième ; en sorte qu'il ne soit resté que 56 maisons sur pied ; on demande quel étoit le nombre des maisons avant le tremblement de terre ?

Le nombre des maisons renversées formant, avec celui des maisons restées sur pied, le nombre que l'on cherche, et le premier étant la $\frac{1}{2}$, les $\frac{3}{8}$ et le $\frac{1}{12}$, ou les $\frac{23}{24}$ de ce dernier, il faut que 56 en soit le $\frac{1}{24}$; ainsi, en multipliant 56 par 24, le produit 1344 répondra à la question.

353. *Seizième Question.* On demande à un particulier quelle est la valeur de ses biens; il répond qu'il en a le tiers en terres labourables, le quart en près, le sixième en vignobles ; et que le reste consiste en 24000 f. placés sur l'Etat. Déterminer cette valeur.

Le $\frac{1}{3}$ + le $\frac{1}{4}$ + le $\frac{1}{6}$, ou les $\frac{54}{72}$ de cette valeur, devant avec 24000 f. en composer la totalité, 24000 f. en sont nécessairement les $\frac{18}{72}$, différence de $\frac{72}{72}$ à $\frac{54}{72}$; donc cette valeur contient 24000 f. $\frac{72}{18}$ de fois (136) ; donc elle sera expriméo par le produit 96000 f., de 24000 f. par $\frac{72}{18}$ (68).

Troisième sorte de Questions dépendantes de la Règle de fausse posision.

354. *Dix-septième Question.* Partager 178 f.

entre trois personnes, de manière que la deuxième ait deux fois autant que la première ; et la troisième, quatre fois autant que la première, et 52 f. de plus.

On voit que, sans le nombre 52, il ne s'agiroit que de partager 178 en parties proportionnelles aux nombres 1, 2 et 4, et qu'alors la question rentreroit dans la classe de celles de la première sorte.

Mais on conçoit aussi que si, après avoir retranché 52 de 178, et partagé le reste en 3 parties proportionnelles aux nombres 1, 2 et 4, on ajoutoit 52 à la troisième, les conditions de la question se trouveroient remplies, et que le problême seroit résolu ; puisqu'en effet on auroit 3 parties qui égaleroient 178 f. ; et qui seroient telles, que la deuxième seroit double, et la troisième quadruple de la première ; et que la troisième auroit 52 f. en sus.

En suivant donc ce procédé, je retranche 52 de 178 ; et pour partager le reste 126 suivant la proportion prescrite, j'observe que la deuxième part devant être double, et la troisième quadruple de la première, les trois parts réunies vaudront 7 fois autant que la première ; et qu'en divisant 126 par 7, le quotient 18 doit être la première part, dont le double 36 sera la deuxième; et le quadruple 72, ajouté à 52, sera la troisième.

355. Ainsi la méthode à suivre pour la solution

de cette troisième sorte de questions, est de *retrancher du nombre proposé les quantités qui se trouveroient hors des termes de la proportion, suivant laquelle doit se faire le partage de ce nombre; de partager la partie restante suivant cette proportion, et d'ajouter à celles des parties que l'on trouve, les quantités retranchées qui en dépendent, d'après les conditions de la question.*

356. *Dix-huitième Question.* Partager 344 f. entre trois personnes, de façon que la deuxième ait autant que la première, plus 56; et la troisième, autant que les deux autres ensemble, et 84 de plus.

Je vois que 56 et 84 sont hors des termes 1, 1 et 2 de la proportion suivant laquelle doit se faire le partage du nombre proposé; je remarque même que 56, qui entre dans la deuxième part, entre aussi dans la troisième, qui se compose des deux premières.

Je retranche donc 2 fois 56 + 84, ou 196, de 344; je divise le reste 148 par 4 qui exprime combien les trois parts ensemble doivent valoir de fois la première qui sera la plus petite; et le quotient 37, détermine cette part; la deuxième devant être composée de la première + 56, sera 93; enfin la troisième sera 214, puisqu'elle doit être la somme des deux premières et de 84.

357. *Dix-neuvième Question.* Trois personnes ont une succession de 100004 f. à se partager.

La première doit avoir 3 fois autant que la deuxième, et 1500 f. de plus; la deuxième le $\frac{1}{5}$ de la troisième, et 12779 f. de moins : on demande quelle sera la portion d'héritage de chacune.

Après avoir retranché de 100004 f., 1500 f. + 12779 f., l'opération se trouve réduite à partager le reste 85725 f. en trois parties telles que la première soit triple, et la troisième, quintuple de la deuxième (car si la deuxième personne ne doit avoir que le $\frac{1}{5}$ de la part de la troisième, et en outre 12779 f. de moins, la troisième aura cinq fois autant que la deuxième, et 12779 f. en sus).

Faisant donc attention que la deuxième part est la plus petite des trois; et que les trois ensemble valent 9 fois autant qu'elle, on divisera 85725 par 9; et le quotient fera connoître que la part de la deuxième personne sera 9525 f., dont le triple, ajouté à 1500 f., donnera 30075 f. pour la part de la première personne; et dont le quintuple, ajouté à 12779 f., donnera 60404, pour celle de la troisième. La somme de ces trois parts égale en effet 100004 f.

358. *Vingtième Question.* Trois enfans ont chacun une poignée de dragées dans la main; le premier en a deux fois autant que le deuxième, et 7 de plus; et le deuxième 3 fois autant que le troisième, et 2 de plus. Le nombre de toutes ces dragées est 63; combien chaque enfant en tient-il?

Je retranche de 63, d'abord 7; et ensuite 2 répété 3 fois, ou 6, parce que 2 fait partie de la deuxième part, qui est contenue trois fois dans la première.

Ces soustractions faites, je divise le reste 50 par 10, nombre de fois que la somme des parts contient la troisième, qui est la plus petite; le quotient 5 donne cette part, dont j'ajoute le triple 15 à 2, pour former la deuxième, et multipliant celle-ci par 2, j'ajoute 7 au produit 34, ce qui donne 41 pour la première part. Ainsi le premier enfant tient 41 dragées dans la main; le deuxième en tient 17; et le troisième 5. On peut faire la preuve de cette opération, en cherchant la somme de ces trois parts, qui devra être égale à 63.

359. *Vingt-unième Question*. Deux armées s'étant livré bataille, ont laissé sur la place 40000 morts. Le parti vaincu a perdu 3 fois autant que le parti victorieux, et 564 hommes de plus; quelle est la perte de chaque armée?

Cette question revient à partager 40000 en deux parties, dont la première contienne 3 fois la deuxième, et 564 de plus;

Et en suivant la marche observée dans la solution des dernières questions, on trouvera que la perte des vaincus est de 30141 hommes, et que celle des vainqueurs est de 9859.

DE LA REGLE D'INTÉRET.

360. Placer de l'argent sur un fonds, ou le prêter pour un temps quelconque, à condition d'en retirer tous les ans une somme convenue, c'est ce qu'on appelle placer ou prêter de l'argent à intérêt.

Il y a deux manières d'évaluer l'intérêt : la première, *à tant pour cent*, comme à 4 f., à 5 f. pour 100, ou p $\frac{0}{0}$, c'est-à-dire, qu'au bout de l'an, on retire 4 f., 5 f. pour chaque centaine de francs de l'argent placé ou prêté ;

La seconde, *au denier tant*, comme au denier 10, 20, 25, etc., c'est-à-dire qu'on retire 1 f. pour 10 f., 20 f., 25 f., etc.

361. Le *denier* et le *tant pour cent* sont inverses l'un de l'autre; et si l'on divise 100 par l'un des deux, il vient l'autre au quotient.

Par exemple, si l'on place au denier 20, ou si l'on retire 1 pour 20, on retirera par conséquent 5 fois 1 ou 5 pour cent; c'est-à-dire que le tant pour 100 sera 5, que l'on trouve en divisant 100 par le denier 20.

Et réciproquement, si le tant pour cent est 5, on retirera conséquemment 1 pour 20; c'est-à-dire que le dernier sera 20, que l'on trouve en divisant 100 par le tant pour 100, 5.

On voit d'ailleurs qu'ils sont en raison inverse l'un de l'autre, ou que l'un est d'autant plus petit ou grand, que l'autre est plus grand ou plus petit; car chacun des deux provenant de la division de 100 par l'autre, on peut les considérer comme le diviseur et le quotient d'une division, qui sont en raison inverse l'un de l'autre (79).

362. La règle d'intérêt a pour but de déterminer ce qu'on doit retirer, chaque année, d'une somme d'argent placée ou prêtée à un intérêt convenu.

Elle ne présente aucune difficulté; et elle se borne à diviser la somme d'argent placée ou prêtée, par le denier.

363. *Première Question.* On a placé 30000 f. à 4 p. % d'intérêt; on demande ce qu'on doit retirer chaque année de cette somme?

Le tant p. % étant 4, le denier sera conséquemment 25, que l'on trouve en divisant 100 par 4; je divise donc 30000 par 25, et le quotient 1200 f. satisfait à la question.

En effet, puisque l'argent a été placé au denier 25, on peut établir la proportion suivante: 25 : 1 :: 30000 : x, où l'on voit que, pour déterminer la valeur de x, qui est ici l'objet de la question, il faut multiplier l'un par l'autre, les moyens 1 et 30000, et diviser le produit par 25; ce qui revient à diviser simplement, et sans avoir besoin de proportion, 30000 par 25.

364. *Deuxième Question.* On a fait à une personne un billet de 2400 f., à condition de payer

un intérêt annuel de 5 p. $\frac{0}{0}$, tant que le billet ne seroit pas retiré ; on est venu le reprendre au bout de 8 mois ; quelle somme faut il compter?

On voit qu'il faut d'abord compter 2400 f., montant du billet, et ensuite les intérêts de cette somme, pour 8 mois ou $\frac{2}{3}$ d'année à 5 p. $\frac{0}{0}$ ou au denier 20.

Ces intérêts sont pour une année de 120 f., quotient de la division de 2400 f. par le denier 20, dont les $\frac{2}{3}$, 80, sont ce qu'il faut ajouter au montant du billet pour le retirer.

365. *Troisième Question.* Une personne emprunte, pour un an, une somme d'argent, et souscrit un billet de 1980 f. qui comprend tout à la fois la somme empruntée et les intérêts fixés au denier 10; on demande quelle est la somme empruntée ?

On concevra aisément que, puisque les intérêts sont au denier 10, ou que 10 produit 1, 11 comprendra 10 + les intérêts de 10; et que par conséquent on pourra dire : 10 + ses intérêts est à 10, comme la somme cherchée + ses intérêts est à cette somme ; ou : 11 : 10 :: 1980 : x;

Et divisant 19800, produit des moyens, par l'extrême connu 11, on a 1800 f. pour réponse à la question.

On pourra faire la preuve de l'opération, en prenant les intérêts de 1800 f. au denier 10, et en les y ajoutant ; la somme devra être égale à 1980 f.

De la Règle d'Intérêt composé.

366. Si l'on place une somme d'argent, et qu'au bout de l'an, au lieu d'en retirer les intérêts convenus, on les laisse réunis au capital, pour porter intérêt à leur tour, et qu'après les avoir laissé s'accumuler ainsi pendant plusieurs années, on veuille savoir à quelle somme le capital se trouve élevé, par l'addition successive qui y a été faite des intérêts d'intérêt, la règle que l'on suit pour y parvenir, s'appelle *Règle d'intérêt composé*, ou *Règle d'intérêt d'intérêt.*

Pour l'explication et l'intelligence de cette règle, nous supposerons un moment qu'elle n'est point encore imaginée, et qu'il s'agit de l'inventer.

Nous chercherons donc, à cet effet, la loi suivant laquelle un capital s'accroît d'année en année, par l'addition successive de ses intérêts d'intérêts; et prenant à volonté, pour exemple, la somme 3 f., que nous supposerons placée au denier 10, nous dirons :

1°. Puisque, dans notre supposition, l'intérêt est de 1 pour 10, il sera conséquemment de $\frac{1}{10}$ pour 1, et de $\frac{3}{10}$ pour 3; et ainsi, au bout de la première année, le capital 3 f., cumulé avec ses intérêts, sera exprimé par $3 + \frac{3}{10}$; ou, en réduisant 3 en dixièmes, sera exprimé par $\frac{33}{10} = \frac{11 \times 3}{10}$.

2°. L'intérêt de $\frac{33}{10}$ au denier 10, étant $\frac{33}{100}$; la valeur du capital augmenté de ses intérêts d'intérêts, sera, pour la deuxième année, de $\frac{33}{10}+\frac{33}{100}$; ou, en réduisant $\frac{33}{10}$ en centièmes, sera de $\frac{363}{100}$ $=\frac{121\times 3}{100}$.

3°. L'intérêt de $\frac{363}{100}$, toujours au denier 10, étant $\frac{363}{1000}$, la valeur du capital et de ses intérêts d'intérêts, sera, pour la troisième année, égale à $\frac{363}{100}+\frac{363}{1000}$; ou, en réduisant tout en millièmes, égale à $\frac{3993}{1000}=\frac{1331\times 3}{1000}$.

Et sans pousser plus loin la recherche de cette loi d'accroissement qu'il s'agit de trouver, et qu'on apperçoit déjà, nous remarquerons que la valeur du capital et de ses intérêts, pour la première année, est exprimée par $\frac{11\times 3}{10}$, ou par 11 multiplié par 3 et divisé par 10; c'est-à-dire est exprimé par le denier + 1, multiplié par le capital, et divisé ensuite par le denier.

Que cette valeur, pour la *deuxième* année, est exprimée par $\frac{121\times 3}{100}$, ou par 121 multiplié par 3, et divisé par 100; c'est-à dire, est exprimée par la *deuxième* puissance de 11, ou du denier + 1, multipliée par le capital et divisée par la *deuxième* puissance du denier.

Enfin que, pour la *troisième* année, cette valeur est exprimée par $\frac{1331\times 3}{1000}$; ou, par 1331 multiplié par 3 et divisée par 1000; c'est-à-dire, est exprimée par la *troisième* puissance de 11, ou du denier + 1, multipliée par le capital, et divisée par la *troisième* puissance du denier.

Et comme on s'assureroit pareillement que, pour la *quatrième* année, cette valeur seroit exprimée par la *quatrième* puissance du denier + 1, multipliée par le capital, et divisée par la quatrième puissance du denier, et ainsi de suite pour les autres années;

367. Nous conclurons, pour règle générale, que, *pour avoir la valeur d'un capital avec ses intérêts composés à un denier quelconque, et pour tel nombre d'années qu'on voudra, il faut multiplier le capital par le denier + 1, élevé à la puissance marquée par le nombre des années, et diviser le produit de cette multiplication par le denier simple, élevé aussi à la puissance marquée par le nombre des années.*

368. Remarquons que multiplier le capital par le denier + 1 élevé à la puissance marquée par le nombre des années, et diviser ensuite le produit par le denier simple élevé à la même puissance, revient à multiplier le capital par une fraction, qui auroit pour numérateur le denier + 1 élevé à la puissance marquée par le nombre des années; et pour dénominateur, le denier simple élevé à cette même puissance.

Car nous venons de voir (366), que la valeur d'un capital 3 f. et de ses intérêts d'intérêts pour 3 ans, est exprimée par $\frac{1331 \times 3}{1000}$; or cette expression, qui indique que le capital a été multiplié par la troisième puissance du denier + 1, et divisé ensuite par la même puissance du denier simple, est égale à celle-ci, $\frac{1331}{1000} \times 3$, qui indique que le capital est multiplié par une fraction qui a pour numérateur la troisième puissance du denier + 1; et pour dénominateur, la troisième puissance du denier simple.

En général, on doit concevoir que, multiplier par un nombre et diviser ensuite par un autre nombre, c'est multiplier par une fraction qui a le premier nombre pour numérateur; et le second nombre pour dénominateur.

369. Maintenant on remarquera que cette expression: $\frac{1331}{1000} \times 3$ est un produit dont les facteurs sont le capital, et une fraction qui a pour numérateur le denier + 1 élevé à la troisième puissance; et pour dénominateur, le denier simple élevé à la même puissance.

Donc on pourra dire qu'en divisant la valeur d'un capital et de ses intérêts d'intérêts, pour un nombre d'années quelconque, par une fraction qui aura pour numérateur le denier + 1 élevé à la puissance marquée par ce nombre d'années; et pour dénominateur le denier simple élevé à la même puissance, le quotient sera le capital.

370. *Première Question*. Trouver le montant d'un capital 25000 f. et de ses intérêts composés, au denier 15, accumulés pendant 10 ans.

Suivant la règle qui vient d'être établie, on élevera le denier + 1, ou 16, à sa dixième puissance; on multipliera le capital 25000 francs par cette puissance, qui est 1099511627776, et divisant le produit 2748779069440000 par 576650390625, dixième puissance du denier simple, on aura $47668^{f}03^{c}$ pour le montant demandé, à moins d'un centime près.

371. *Deuxième Question.* Un mineur a hérité de 80000 f. dont son tuteur a eu l'administration pendant 4 ans. On demande à quoi se montera, au bout de cet espace de temps, le compte que le tuteur devra rendre, en y comprenant les intérêts d'intérêts, sur le pied du denier 20.

On multipliera 80000 f. par 194481, quatrième puissance du denier 20 + 1 ; on divisera le produit 15558480000 par 160000, quatrième puissance du denier simple ; et le quotient $97240^{f}\,5^{d}$ marquera la somme dont le tuteur sera comptable.

372. *Troisième Question.* Une somme d'argent placée au denier 20, s'est élevée, en 4 ans, à $97240_{f}\,5^{d}$ par l'addition successive de ses intérêts d'intérêts ; on demande quelle étoit la somme placée ?

Divisez $97240_{f}\,5^{d}$ (369) par une fraction qui ait pour numérateur la quatrième puissance du denier 20 + 1 ; et pour dénominateur la même puissance du denier simple, c'est-à-dire par $\frac{194481}{160000}$; et le quotient 80000 f, donnera la somme demandée.

373. *Quatrième Question.* On demande à combien s'éleveroient, pendant 3 ans, 5 mois, 15

jours, les intérêts d'intérêts de 600 f. placés au denier 10.

On calculera le montant du capital et des intérêts d'intérêts pendant 3 ans ; on trouvera $798^{f}6^{d}$.

On cherchera l'intérêt de cette dernière somme pour un an, en la divisant par le denier 10 ; cet intérêt sera $79^{f}86^{c}$; et par conséquent de $36^{f}59^{e}$ pour 5 mois 15 jours.

On ajoutera $36^{f}59^{c}$ à $798^{f}6^{d}$; on retranchera de la somme $835^{f}19^{c}$, le capital 600 f. ; et le reste $235^{f}19^{c}$ exprimera les intérêts d'intérêts demandés.

Des Annuités.

On peut rapporter à la règle d'intérêt composé les deux questions suivantes :

374. *Première Question.* On a emprunté une somme de 22000 f. au denier 10, à condition de la rembourser en trois paiemens égaux, d'année en annéée ; savoir quel sera le montant de chacun de cés paiemens?

Multipliez le capital 22000 f. par le denier + 1 élevé à la puissance marquée par le nombre des paiemens ou des années ; c'est-à-dire, par la troisième puissance de 11, ou par 1331.

Divisez le produit 29282000, par le denier multiplié par la différence de la troisième puissance de ce même denier, à la puissance semblable du denier plus 1 ; c'est-à-dire, par le denier multiplié par 331 ; et le quotient $8846^f \frac{174}{331}$, ou $8846^f 52^c$ à moins d'un centime près, donnera le montant de chacun des paiemens égaux.

Voici la preuve de cette opération : à la fin de la première année, le capital, augmenté de l'intérêt au denier 10, se trouvera porté à 24200, et après qu'on en aura retranché $8846 \frac{174}{331}$, pour premier paiement, il restera $15353^f \frac{157}{331}$.

Cette dernière somme, à la fin de la deuxième année, se montera, avec l'intérêt, à $16888 \frac{272}{331}$; et après qu'on en aura ôté $8846 \frac{174}{331}$, pour deuxième paiement, il restera $8042 \frac{98}{331}$.

Enfin ce reste, ajouté à l'intérêt qu'il produira, donnera pour somme, à la fin de la troisième année, $8846 \frac{174}{331}$, dont il ne restera rien, après qu'on en aura ôté le paiement commun de chaque année.

Cette manière d'emprunter de l'argent, s'appellent *Annuité*.

375. *Deuxième Question.* On desire emprunter une somme d'argent, au denier 10, remboursable en trois paiemens égaux, de $8846^f \frac{174}{331}$ chacun; on demande quelle doit être la somme à emprunter.

On multipliera $8846 \frac{174}{331}$, montant de chacun des trois paiemens, par le denier multiplié par la différence de la troisième puissance de ce même denier, à la puissance semblable du denier plus 1; on divisera le produit 29282000 par 1331, troisième puissance du denier plus 1 ; et le quotient 22000 satisfera à la question.

On a dû s'appercevoir que ces deux dernières questions sont inverses l'une de l'autre ; et que les deux opérations qu'on a faites pour les résoudre, sont aussi inverses l'une de l'autre, et se servent réciproquement de preuve.

DE LA REGLE D'ESCOMPTE.

376. Le mot *escompte* veut dire *hors de compte*, et exprime en effet une diminution faite sur le montant d'un billet ou lettre de change, au profit d'un débiteur qui paie son créancier avant le terme fixé par ce même billet ou lettre de change.

L'escompte s'évalue à *tant pour* 100 ; c'est-à-dire que, sur le billet que l'on paie avant son échéance, on retient, pour chaque centaine de francs, une somme convenue.

Et cette retenue étant une fois déterminée pour 100 f., si l'on desire savoir à quoi elle doit monter pour toute autre somme, la méthode que l'on suit pour y parvenir s'appelle *Règle d'escompte*.

Cette règle consiste à établir une proportion, dont l'un des rapports se compose de 100, et de l'escompte convenu ; et l'autre, de la somme dont on veut déterminer l'escompte, et de ce même escompte qu'on ne connoît pas encore, et qu'on représente par une lettre de l'alphabet.

377. *Première Question.* Un particulier a une lettre de change de 3500 f., payable dans un an. Pressé du besoin d'argent, il desire être payé sur-le-champ, moyennant escompte; il en fait la proposition à son débiteur qui l'accepte; et l'escompte convenu entre eux, étant de 7 pour cent; on demande à quoi se réduit la somme à payer.

Il est évident que l'escompte de 100 f. doit être avec 100 f., dans le même rapport, que l'escompte de 3500 f., avec 3500 f.; et que par conséquent, on peut, avec ces deux rapports égaux former la proportion suivante :

$$7 : 100 :: x : 3500$$

Et cherchant, dans cette proportion, la valeur de x, en faisant les opérations prescrites par la règle de trois, on trouvera que l'escompte étant de 7 f., pour 100 f., il devra être de 245 f. pour 3500 f.; que par conséquent la somme à payer sur-le-champ, sera 3500 f., moins 245, ou 3255 f.

378. *Deuxième Question.* Un marchand a acheté des pièces de drap, pour une somme de 24000 f., payable dans un an; mais il s'est réservé la faculté d'avancer l'époque du paiement, à condition de pouvoir faire sur la somme, une retenue, à raison de 8 pour 100, par an, il se présente pour payer, au bout de 7 mois; combien a-t-il à compter?

Cherchez d'abord ce que seroit la retenue pour un an ; et sur le résultat de l'opération, vous prendrez celle qui doit être faite pour les 5 mois, dont le paiement se trouve avancé.

Vous établirez donc la proportion suivante :

$$8 : 100 :: x : 24000 \text{ f.}$$

Vous calculerez la valeur de x, qui représente la retenue qu'il y auroit à faire, si le paiement étoit avancé d'un an ; vous trouverez qu'elle est 1920 f. Vous direz ensuite : si la retenue à faire pour un an est de 1920 f. ; celle à faire pour un mois, sera donc du douzième de cette somme, ou de 160 f. ; et par conséquent, elle sera, pour 5 mois, de 5 fois 160 f., ou de 800 f.

Ainsi, au bout de sept mois, le marchand aura à payer 24000 f., moins 800 f., ou 23200 f.

379. *Troisième Question.* On demande quel seroit, pour trois mois 20 jours, l'escompte d'une lettre de change de $19480^{\#}\ 18^{s}\ 6^{d}$, à raison de 5 pour 100.

On cherchera d'abord quel seroit l'escompte, pour un an ; et l'on établira, à cet effet, la proportion suivante :

$$5 : 100 :: x : 19480^{\#}\ 18^{s}\ 6^{d}$$

Dans laquelle on calculera la valeur de x, qu'on trouvera être $974^{\#}\ 0^{s}\ 11^{d}\ \frac{1}{10}$.

Ensuite, sur cette valeur, qui est l'escompte pour un an, on prendra celui de 3 mois 20 jours qu'on trouvera être,

1°. Pour 3 mois, de	243 #	10 s	0 d	$\frac{11}{40}$
2°. Pour 15 jours, de	40	11	8	$\frac{11}{360}$
3°. Pour 5 jours, de	13	10	6	$\frac{491}{720}$
Et par conséquent, pour 3 mois, 20 jours, de	397	12	3	$\frac{1}{360}$

380. *Quatrième Question*. Une somme d'argent, dont on a retiré l'escompte, à raison de 4 p. $\frac{0}{0}$, se trouve réduite à 614^f 4^d; quelle somme a-t-on escomptée?

Etablissez la proportion suivante:

$$96 : 100^f :: 614^f4^d : x$$

dont le premier rapport se compose de 100 f. diminué de son escompte, et de 100 f.; et le second rapport, de la somme que l'on cherche, diminuée de son escompte, et de cette même somme, représentée par x.

Et cherchant la valeur de x par la règle de trois, elle vous donnera 640 f. pour la somme demandée.

381. *Cinquième Question*. Une somme de 800 f. se trouve réduite, par l'escompte, à 752 f.; on demande le taux de l'escompte?

Dans la proportion suivante:

$$800^f : 752^f :: 100 : x$$

la valeur de x que vous trouverez être 94 f., devra vous donner 100, diminué de l'escompte que l'on cherche; cet escompte est donc de 6 f.

DE LA REGLE DE CHANGE.

382. Le *Change* est un intérêt que l'on prend pour des billets ou lettres de change que l'on fournit. Le change s'évalue à *tant p.* $\frac{0}{0}$.

La règle de change consiste à faire une proportion qui ait pour termes de l'un des rapports, 100 f. et le nombre qui exprime le taux du change, et pour termes du second rapport, le montant du billet ou de la lettre de change, et la somme exprimée par x, que l'on doit payer pour avoir ce billet ou lettre de change.

383. *Première Question.* Un négociant veut envoyer à son correspondant une lettre de change de 15000 f.; le banquier auquel il s'adresse pour avoir cet effet, lui demande 2 p. $\frac{0}{0}$ de change; quelle somme le négociant doit-il payer au banquier?

Dites : Si pour 100 f., il faut payer 2 f. de change, combien doit-on payer pour 15000 f.? Etablissez en conséquence la proportion suivante :

$$100^f : 2^f :: 15000^f : x$$

Et après avoir calculé la valeur de x, que vous trouverez être de 300 f., ajoutez-la à 15000 f.; et la somme 15300 f. répondra à la question.

384. *Deuxième Question.* On a payé à un banquier, tant pour un billet qu'il a fourni, que pour le change, fixé à 1 $\frac{1}{2}$ p. $\frac{0}{0}$, une somme de 18000 f.; on demande quel étoit le montant du billet?

Faites la proportion suivante :

$$101^{f}\tfrac{1}{2} : 100^{f} :: 18000^{f} : x$$

Et la valeur de x que vous trouverez, à moins d'un centime près, de $17733^{f}99^{c}$, vous donnera le montant du billet.

385. *Troisième Question.* Pour avoir une lettre de change de 20000 f., on a payé au banquier qui l'a fournie, une somme de 20400 f. ; on demande quel a été le taux du change ?

Prenez la différence de 20400 f. à 20000, et dites : Si l'escompte a été de 400 f., pour 20000 f., à combien étoit-il fixé pour 100 ? Etablissez donc la proportion :

$$400^{f} : 20000^{f} :: x : 100^{f}$$

et calculant la valeur de x, vous trouverez 2 pour cette valeur et pour réponse à la question.

EXPOSITION

RAISONNÉE ET INSTRUCTIVE

DU NOUVEAU

SYSTÈME MÉTRIQUE.

L'UNIFORMITÉ des poids et mesures que ce système établit, n'est point une conception nouvelle : on voit par notre Histoire, qu'elle étoit réclamée en France depuis plusieurs siècles, et que la nécessité en étoit universellement reconnue.

Les hommes dans leurs relations de commerce, d'acquisitions, d'échanges, etc., ne peuvent jamais avoir que cinq espèces de choses à mesurer : les *longueurs*, les *superficies*, les *capacités*, la *solidité* et le *poids* des corps.

Et cependant, il nous falloit huit à neuf cents mots, pour composer la nomenclature de nos mesures.

Encore les mêmes mots n'y désignoient-ils pas toujours les mêmes choses :

La pinte de Paris étoit une toute autre mesure que la pinte de Saint-Denis.

La contenance du boisseau varioit selon les

provinces : 700 setiers de Paris n'en valoient que 600 de Rouen.

Pour faire 100 livres-pesant de Paris, il en falloit 116 de Lyon, 120 de Montpellier, 114 $\frac{1}{4}$ de Lille, 123 $\frac{1}{2}$ de Marseille, et 99 seulement de Nantes et de la Rochelle, etc.

205 aunes de Lyon n'en faisoient que 200 de Paris ou de Rouen ; tandis qu'il en falloit 400 de ces deux dernières villes pour en faire 343 de Nantes.

Il ne falloit pas confondre la perche de 18 pieds avec celle de 19, de 20 et de 22 pieds.

La lieue du Poitou étoit double à peu près, et souvent triple de celle d'une autre province, etc., etc.

Tout, dans cette partie, ne présentoit qu'incohérence et confusion ; et à juger de la France par ce chaos, on eût dit une Nation à peine sortie de l'état sauvage, et qui n'avoit pas encore eu le temps de mettre de la réflexion et de l'ordre dans ses institutions.

Tous ces inconvéniens dont le plus grave étoit de préparer des piéges à la bonne foi, et de favoriser la fraude, se trouvent réparés par le nouveau système métrique, et il n'y a plus enfin qu'*un poids et une mesure*.

C'est en vain que, pendant longtemps, l'ignorance et la paresse ont opposé à son établissement leur force d'inertie ; il prévaut aujourd'hui.

On n'imagineroit peut-être pas que dans l'esprit de bien des personnes, ce qui le décréditoit particulièrement, c'est la physionomie étrangère de ce peu de mots d'origine grecque et latine dont on y fait usage : leur imagination ne s'accoutumoit point aux mots *kilomètre*, *hectomètre*, etc., et leur langue se refusoit à les prononcer.

Cependant les mots *baromètre*, *thermomètre*, et tant d'autres de notre langue, sont aussi des compositions de mots grecs et latins ; et si on a su se familiariser avec ces derniers, pourquoi s'effaroucheroit-on des premiers ; il falloit bien de nouveaux mots pour exprimer de nouvelles choses.

Pour composer un système de mesures dont toutes les parties tellement liées, fissent un ensemble durable et parfait, il falloit une unité ou mesure fondamentale, dont toutes les autres dépendissent, et qui fût invariable : cette unité a été cherchée dans la nature.

Des savans distingués ont déterminé, avec une précision garantie par leurs talens, la distance de l'équateur au pole ; cette distance s'est trouvée de 5130740 toises, dont la dix-millionième partie a été prise pour unité fondamentale du système.

Evaluée en toises ou subdivisions de la toise, elle est exactement de trois pieds onze lignes et deux cent quatre-vingt-quinze mille neuf cent trente-six millionièmes de ligne ; ou de $3^{p}\,0^{p}\,11^{l}.295936$.

On lui a donné le nom de *mètre*, qui signifie *mesure*. Le mètre est en effet la mesure par excellence, puisque toutes les autres n'en sont que des dépendances, ou des combinaisons ; on peut le comparer à la souche d'un arbre généalogique dont les autres mesures sont les branches.

Le mètre, soit par lui-même, soit en le prenant de dix en dix fois plus grand ou plus petit qu'il n'est, sert à déterminer les *longueurs*. Il remplace l'aune, la toise, le pied, la lieue, et généralement toutes les anciennes mesures de longueur.

Avec le quarré de 10 mètres, on a déterminé l'unité principale des mesures de *superficie*, qu'on appelle *are*, et qui est ainsi de 100 mètres-quarrés.

L'are, soit par lui-même, soit en le prenant de dix en dix fois plus grand ou plus petit qu'il n'est, sert à mesurer toutes les *superficies*, qu'elle qu'en soit l'étendue. Il remplace l'arpent, la lieue-quarrée, la perche-quarrée, la toise, le pied, le pouce-quarrés, etc.

On a formé avec le cube de la dixième partie du mètre, l'unité principale des mesures de *contenance* ou de *capacité*, qui est, ainsi, la millième partie du mètre-cube ; cette unité a été appelée *litre*.

Le litre, soit par lui-même, soit en le prenant

de dix en dix fois plus grand ou plus petit qu'il n'est, sert à déterminer toutes les *capacités*. Il remplace la pinte, le muid, le setier, le boisseau, le litron, et toutes les autres mesures, si multipliées, qu'on employoit à mesurer les liquides, tels que le vin, l'eau-de-vie, etc., et les matières sèches, tels que les grains, les légumes secs, etc.

Le *mètre-cube* est l'unité principale des mesures de *solidité*. Lorsqu'il sert à mesurer les bois de chauffage ou de charpente, il prend le nom de *stère*, et remplace la corde, etc.

Mais il conserve son nom dans l'exploitation des terres et des pierres, et dans le toisé des corps massifs ; dans ce dernier cas, il remplace la toise-cube, la solive, etc.

Le dixième de mètre-cube d'eau distillée, et dans son dernier degré de congellation, a donné l'unité principale des nouveaux poids. Comparés à la livre et aux subdivisions de la livre, on a trouvé qu'il pesoit deux livres, cinq gros, trente-cinq grains et quinze centièmes de grains ; ou $2^{\text{l.-p.}}\ 0^{\text{on.}}\ 5^{\text{g.}}\ 35^{\text{gr.}},15$.

On a donné à la millième partie de ce cube le nom de *gramme*. Ainsi le gramme, soit par lui-même, soit en le prenant de dix en dix fois plus grand ou plus petit qu'il n'est, sert à déterminer toutes les *pesanteurs*, et remplace la livre-poids, le marc, l'once, le gros, le quintal, le millier, etc.

On voit donc, en faisant le résumé de ce qui vient d'être dit, que, dans le nouveau système métrique, le nombre des unités principales de mesures, déterminé par celui des différens genres de choses à mesurer, se borne à cinq ; et qu'on leur a donné les noms de *mètre*, *are*, *litre*, *stère* et *gramme*.

Mais ces mesures primitives se trouveroient souvent ou trop grandes ou trop petites, selon les objets qu'on auroit à mesurer ; elles ne conviendroient donc pas à tous les usages.

Pour avoir des mesures de toutes grandeurs, on a multiplié tour à tour et divisé chacune des cinq unités principales, par 10, 100, 1000, etc.; et les résultats de ces opérations ont été pris pour autant de mesures secondaires, qui se trouvent, comme l'on voit, de dix en dix fois plus grandes ou plus petites que les premières.

Chacune de ces mesures secondaires a retenu le nom de l'unité principale à laquelle elle se rapporte ; seulement, selon qu'elle en est le dixième, le centième ou le millième, on fait précéder ce nom des mots *déci*, *centi* ou *milli*.

On le fait au contraire précéder des mots *deca*, *hecto*, *kilo* ou *myria*, si la mesure secondaire est dix fois, cent fois, mille fois ou dix mille fois plus forte que l'unité principale.

Ainsi les mots	myria . . .	signifient	dix mille.
	kilo.		mille.
	hecto. . . .		cent.
	déca		dix.
	déci.		dixième de.
	centi. . . .		centième de.
	milli		millième de.

Nous allons réunir sous un même point de vue tous les noms de ces différentes mesures :

MÈTRE, ARE, LITRE, STÈRE, GRAMME.

*Myria*mètre, *kilo*mètre, *hecto*mètre, *déca*mètre.
*Myri*are, *kil*are, *hect*are, *déc*are.
*Myria*litre, *kilo*litre, *hecto*litre, *déca*litre.
*Myria*gramme, *kilo*gramme, *hecto*gramme, *déca*gramme.

*Déci*mètre, *centi*mètre, *milli*mètre.
*Déci*are, *centi*are, *milli*are.
*Déci*litre, *centi*litre, *milli*litre.
*Déci*stère.
*Déci*gramme, *centi*gramme, *milli*gramme.

On voit par le tableau de cette nomenclature, 1°. que la solidité des corps ne peut s'évaluer qu'en stères ou décistères seulement, et qu'on ne compte point par centistères, millistères, ni par décastères, hectostères, etc.

La raison en est sans doute qu'il ne se rencontre guère d'occasion de faire des mesurages de bois de chauffage ou de charpente plus petits que le décistère, ou assez grands pour aller jusqu'au décastère, et encore moins au-delà ;

2°. Que, pour éviter un *hiatus* désagréable, on dit *myriare*, *kilare*, etc., au lieu de *myriaare*, *kiloare*, etc.

On a dû comprendre les monnoies dans le nouveau système métrique. L'unité principale y est le *franc*, qui remplace la livre tournois, et qui la surpasse en valeur de trois deniers.

Dans l'ancien système monétaire, le titre de la pièce d'or s'évaluoit en carats et 32es. de carat ; et celui de la pièce d'argent, en deniers et vingt-quatrièmes de deniers ou grains.

Dans le nouveau, le titre de l'une et de l'autre pièces, et en général de toutes les matières d'or et d'argent, s'évalue en dixièmes, centièmes et millièmes.

Puisque les subdivisions de chacune des cinq unités principales, en sont des parties de dix en dix fois plus petites les unes que les autres, ce sont donc des décimales (139) (*a*) ; ainsi, pour les calculer, il n'y a point d'autres méthodes à suivre que celles qui sont propres aux nombres

---

(*a*) Ce nombre 139, de même que tous ceux qu'on trouvera entre deux parenthèses, sont des renvois à des numéros d'articles de notre Arithmétique.

décimaux ; et que nous avons exposées aux nos. 139 et suivans, auxquels nous renvoyons.

Par ces subdivisions de toute unité concrète, en parties décimales, les fractions ordinaires, qu'on peut regarder comme l'épine de l'arithmétique, se trouvent naturellement exclues des calculs, dont la science est ainsi réduite à la connoissance des règles, particulières aux nombres entiers ; et cette simplification n'est pas un des moindres avantages qui soient résultés de l'établissement du nouveau système métrique.

L'ÉVALUATION des anciennes mesures, en mesures nouvelles, et des nouvelles en anciennes, donne les résultats suivans :

TABLE DES ANCIENNES MESURES

ÉVALUÉES EN MESURES NOUVELLES.

Monnoies.

		franc.
La livre-tournois. .	vaut. .	0,987654
Le sou		0,04938227
Le denier		0,00411522

Mesures itinéraires et de longueur.

		mètre.
L'aune	vaut. .	1,188436
La demi-aune		0,594223
Le tiers d'aune.		0,396149
Le quart d'aune		0,297111

	mètres.
Le sixième d'aune....vaut. .	0,198074
Le huitième d'aune . . .	0,148555
Le douzième d'aune . . .	0,099037
Le seizième d'aune . . .	0,074277
La toise	1,949036
Le pied	0,324840
Le pouce.	0,027070
La ligne	0,002256
La lieue (de 2282 toises) . .	4447,7015011

Mesures agraires et de superficie.

	mètres-quarrés.
La toise quarrée . . vaut. .	3,798741329296
Le pied-quarré.	0,105520592480
Le pouce-quarré	0,000732781892
La ligne-quarrée	0,000005088768
La lieue-quarrée . . .	19782048,64288719330121
	ares.
L'arpent (*a*)	51,071997
	hectare.
Idem (*a*).	0,51071997
	are.
La perche-quarrée (*a*) . .	0,51071997
	ares.
L'arpent (*b*).	34,1887
	hectare.
Idem (*b*).	0,341887
	are.
La perche-quarrée (*b*). . .	0,341887

Mesures de capacité ou de contenance.

	litres.
La velte (*b*) . . vaut. .	7,450544
La pinte (*b*).	0,931318
Le muid (*b*).	1873,199952
Le setier (*b*).	156,099996
Le boisseau (*b*).	13,008333
Le litron (*b*).	0,813021

(*a*) Mesure des eaux-et-forêts. (*b*) Mesure de Paris.

Mesures de solidité.

		stères ou mètres-cubes.
La toise-cube . . .	vaut. .	7,4038903430883
Le pied-cube		0,0342772O106
Le pouce-cube		0,00001986391
La ligne-cube		0,000000011499
La corde de bois		3,8391
La solive.		0,10285

Mesures de pesanteur.

		grammes.
La livre-poids . .	vaut. .	489,505846
L'once		30,594115
Le gros		3,824264
Le grain		0,053114

TABLE DES NOUVELLES MESURES

ÉVALUÉES EN MESURES ANCIENNES.

Monnoies.

		#
Le franc . . .	vaut. .	1,0125
Le décime		0,10125
Le centime		0,010125

Mesures itinéraires et de longueur.

		toise.
Le mètre . . .	vaut. .	0,513074
		pieds.
Idem		3,078444
		pouces.
Idem		36,941328
		lignes.
Idem		443,295936

	aune.
Le mètre . . . . vaut. .	0,841436
	lieue.
Idem	0,000224835232

Mesures agraires et de superficie.

	toise-quarrée.
Le mètre-quarré . . vaut. . .	0,263244929496
	pieds-quarrés.
Idem	9,47681746 1856
	pouces-quarrés.
Idem	1364,66171450 7264
	lignes-quarrées.
Idem	196511,28688 9046016
	lieue-quarrée.
Idem	0,000000050550881 5485
	arpent (*a*).
L'are	0,0195802013 65
L'hectare.	1,9580201365
	perche-quarrée (*a*).
L'are	1,9580201365
	arpent (*b*).
Idem	0,02924943
L'hectare.	2,924943
	perche-quarrée (*b*).
L'are	2,924943

Mesures de capacité ou de contenance.

	velte (*b*).
Le litre . . . . . vaut. .	0,134218359959 5982
	pinte (*b*).
Idem	1,07374687967678 63880
	muid (*b*).
Idem	0,000533847055 76253 05
	setier.
Idem	0,006406164669 1503656
	boisseau (*b*).
Idem	0,07687397602 98043870
	litron (*b*).
Idem	1,22998361647 687101920

(*a*) Mesure des eaux-et-forêts. (*b*) Mesure de Paris.

Mesures de solidité.

	toise-cube.
Le stère ou mèt.-cub... vaut..	0,135064128945969224
	pieds-cubes.
Idem	29,17385185232935238 4
	pouces-cubes.
Idem	50412,416000825120919552
	lignes-cubes.
Idem	87112654,8494258089489 8
	corde de bois (*a*).
Idem	0,26048
	solives.
Idem	9,7246

Mesures de pesanteur.

	livre-poids.
Le gramme . . vaut. .	0,002042876519
	once.
Idem	0,032686024304
	gros.
Idem	0,261488194432
	grains.
Idem	18,827149999104

On peut déduire de ces évaluations, des rapports très-approchés des nouvelles mesures aux anciennes, exprimés en nombres entiers. En voici la Table de comparaison :

80 francs .....valent.. 81 livres-tournois.
4 myriamètres....... 9 lieues.
88 mètres............ 74 aunes.
76 mètres............ 39 toises.

(*a*) Mesure des eaux-et-forêts.

13	décimètres. . valent.	4	pieds.
19	centimètres.	7	pouces.
9	millimètres	4	lignes.
19	mètres-quarrés.	5	toises-quarrées.
$\frac{19}{10}$	de mètres-quarrés. . .	18	pieds-quarrés.
$\frac{42}{104}$	de mètres-quarrés. .	655	pouces-quarrés.
$\frac{99}{1000}$	de mètres-quarrés	16785	lignes-quarrées.
18	myriamètres-quarrés	91	lieues-quarrées.
24	hectares.	47	arpens (*a*).
24	ares.	47	perches-quarr. (*a*)
40	hectares.	117	arpens (*b*).
40	ares.	117	perches-q. (*b*).
82	litres.	11	veltes (*a*).
27	litres	29	pintes (*a*).
118	kilolitres	63	muids.
25	hectolitres.	16	setiers.
13	décilitres.	10	boisseaux.
13	litres.	16	litrons.
74	stères ou mètres-cub.	10	toises-cubes.
96	*idem*.	25	cordes de bois (*a*).
36	décistères	35	solives.
70	kilogrammes.	143	livres-poids.
11	hectogrammes.	36	onces.
13	décigrammes.	34	gros.
14	grammes	11	deniers.
8	décigrammes.	15	grains.

(*a*) Mesure des eaux-et-forêts. (*b*) Mesure de Paris.

On observera que, par condescendance pour les personnes qui se détachent difficilement des anciennes habitudes, on a donné pour synonymes aux noms des nouvelles mesures, d'autres noms tirés de la nomenclature des anciens poids et mesures; mais il ne faut pas oublier, que transportés dans le nouveau système, ils y prennent une signification toute différente.

On voit ici chacun de ces noms rapproché de son synonyme :

Lieue, synonyme de..	myriamètre.
Mille................	kilomètre.
Perche...............	décamètre.
Aune.................	mètre.
Palme................	décimètre.
Doigt................	centimètre.
Trait................	millimètre.
Arpent...............	hectare.
Perche-quarrée.......	are.
Muid.................	kilolitre.
Setier...............	hectolitre.
Boisseau et velte....	décalitre.
Litron et pinte......	litre.
Verre................	décilitre.
Corde de bois........	stère.
Solive...............	décistère.
Livre-poids..........	kilogrammes.
Once.................	hectogramme.
Gros.................	décagramme.
Denier...............	gramme.

Grain, synonyme de.... décigramme.
Millier......... 1000 kilogrammes.
Quintal......... 100 kilogrammes.

Il se rencontrera, long-temps encore, des occasions où l'on aura besoin de réduire les nombres de mesures anciennes en nombres de mesures nouvelles, et réciproquement; il importe donc d'avoir une méthode, pour opérer ces réductions.

Mais comme il y est question de l'évaluation des quantités décimales en subdivisions des unités concrètes, et réciproquement, il faut avant tout, enseigner la règle à suivre pour faire ces évaluations.

D'abord, *pour évaluer les subdivisions des unités concrètes en décimales*, il faut les réduire à leur plus petite espèce; donner pour dénominateur, au résultat de cette réduction, le nombre qui exprime combien de fois l'unité de la plus petite espèce est contenue dans l'unité principale dont elle dépend, et réduire ensuite cette fraction en décimales, par la méthode que nous avons donnée (161).

Exemple I. Convertir ou évaluer en décimales, les subdivisions de toise, renfermées dans le nombre complexe $24^{T}\,5^{P}\,8^{p}$.

Multipliez les 5 pieds par 12, pour les réduire en pouces; ajoutez au produit 60 les 8 pouces que renferme déjà le nombre proposé, et donnez pour dénominateur, à la somme 68, le nombre 72, qui exprime combien de fois le pouce est contenu dans la toise; ce qui donnera la fraction $\frac{68}{72}$, que vous réduirez en décimales.

Et à cet effet, vous diviserez 68 par 72; mais comme la division ne pourra pas s'effectuer, parceque le dividende se trouve plus petit que le diviseur, vous mettrez zéro au quotient, pour y tenir lieu des entiers; vous écrirez aussi zéro à la suite du dividende trop foible; ce qui vous donnera 680, que vous diviserez par 72.

Dividende	Diviseur
680	72
648	toise. 0,944
320	
288	
320	
288	
32	

A la suite du reste 32, que laissera cette opération, vous écrirez encore zéro, et vous ferez de nouvelles divisions successives, qui auront chacune pour dividende, le reste de la précédente division, à la suite duquel vous aurez écrit zéro, et dont vous réglerez le nombre sur celui des décimales, que vous voudrez avoir au quotient.

Ici, l'on s'est borné à trois divisions, pour avoir trois décimales, et l'on a eu 944 millièmes de toises, pour valeur, en décimales, des $5^{p}\ 8^{p}$. du nombre proposé.

Exemple II. On demande quelle seroit en dixièmes, centièmes et millièmes de muid, la valeur de $0^{muid.}\ 11^{setiers.}\ 10^{boisseaux.}\ 12^{litrons.}$

On réduira tout en litrons, dernière des subdivisions du muid, en se ressouvenant que le setier vaut 192 litrons, et que le boisseau en vaut 16; ce qui produira le nombre 2284, auquel on donnera pour dénominateur, 2304 qui exprime combien de fois le litron est contenu dans l'unité principale dont il dépend; c'est-à-dire dans le muid; on aura la fraction $\frac{2284}{2304}$, qu'il faudra évaluer en décimales.

On écrira donc zéro, comme dans l'exemple précédent, tant au quotient, pour y tenir la place des entiers, qu'au numérateur; et l'on fera, par 2304, trois divisions successives, dont la première aura pour dividende 22840; et chacune des deux autres, le reste de la précédente division, à la suite duquel on aura ajouté zéro; les quotiens donneront 9 dixièmes, 9 centièmes et 1 millième, ou 991 millièmes de muid, pour valeur, en décimales, de 11 setiers 10 boiss. 12 litrons.

```
22840 { 2304
20736 { muid
        0,991
21040
20736
 3040
 2304
  736
```

Remarquez, que puisqu'on vouloit trois décimales au quotient, il eût été indifférent, et en même temps plus simple, d'écrire dès le commencement trois zéros à la suite de 2284, de diviser 2284000 par 2304, et de séparer par une virgule, trois décimales au quotient.

Pour évaluer des décimales, en subdivisions d'unités principales d'anciennes mesures, on observera la règle suivante.

Multipliez la quantité décimale qu'il s'agit d'évaluer par le nombre qui exprime combien de fois la première des subdivisions de la mesure ancienne, est contenue dans l'unité principale dont elle dépend, et retenez du produit, la partie qui dépassera, sur la gauche, la virgule de la quantité décimale multipliée.

Ce qui restera à la droite de cette même virgule, multipliez-le par le nombre qui exprime combien de fois la deuxième des subdivisions de la mesure ancienne, est contenue dans la première, et retenez pareillement du produit, la partie qui dépassera la virgule, à gauche.

Multipliez de même ce qui restera à droite de la virgule par le nombre qui exprime combien de fois la troisième des subdivisions de la mesure ancienne est contenue dans la deuxième ; et retenez toujours la partie du produit qui dépassera la virgule à gauche.

Continuez de cette manière, jusqu'à ce que vous ayez multiplié par le nombre qui marque combien de fois la dernière des subdivisions est contenue dans celle qui précède ; et la suite des parties que vous aurez successivement retenues des produits, après chaque multiplication, vous donnera l'évaluation cherchée.

Exemple I. On demande la valeur, en pieds, pouces et autres subdivisions de la toise, de $0^{T},944$; ou de neuf cent quarante quatre millièmes de toise.

Suivant la règle qui vient d'être prescrite, on multipliera d'abord, comme on le voit ici, $0^T,944$, par 6 qui exprime combien de fois la première subdivision de la toise, c'est-à-dire, le pied, est contenu dans la toise; on aura pour produit 5,664, dont on retiendra 5 ou 5 pieds, qui dépassent la virgule, à gauche.

toise.
0,944
6
pieds.
5,664
12
pouces.
7,968
12
lignes.
11,616

On multipliera ensuite 664, qui reste à droite de cette même virgule, par 12 qui marque combien de fois la deuxième subdivision de la toise, ou le pouce, est contenue dans la première, et on retiendra du produit 7,968, 7 ou 7 pouces, qui dépassent la virgule, à gauche.

Et 968 qui reste à droite, on le multipliera pareillement par 12, qui exprime combien de fois la troisième subdivision de la toise, ou la ligne, est contenue dans la deuxième; on retiendra de même 11, ou 11 lignes qui dépassent la virgule.

Et bornant là, si l'on veut, l'opération, on aura pour valeur de $0^T,944$, en subdivisions de la toise, $5^p\ 9^p.\ 11^l$.

Si l'on eût voulu avoir un plus grand nombre de subdivisions de la toise, on auroit continué de multiplier les restes, chacun par le nombre exprimant combien de fois la subdivision suivante est contenue dans la précédente.

Voici la démonstration, appliquée à l'exemple précédent, de la règle prescrite pour ces évaluations :

Tout nombre décimal peut être considéré (168) comme une fraction ordinaire, dont le dénominateur est l'unité suivie d'autant de zéros que ce nombre a de chiffres, et dont le numérateur est ce nombre lui-même ; $0^{T},944$ est donc la même chose que $\frac{944}{1000}$ de toise ; ou que 944 toises à diviser par 1000 (89) ; mais ce nombre de toises 944 ne pouvant pas se diviser par 1000, si on le multiplie par 6 (ce qui le rendra 6 fois plus grand qu'il ne doit être) et qu'on divise le produit 5664, par 1000, le quotient $\frac{5664}{1000}$, ou 5,664 sera aussi 6 fois plus grand qu'il ne doit être (76), et ne devra par conséquent compter que pour des sixièmes de toise, ou pour 5^{p} et $\frac{664}{1000}$ de pied.

Pareillement, et pour la même raison, si ne pouvant pas diviser 664 pieds par 1000, on multiplie ce nombre par 12, et qu'on divise ensuite le produit 7968, par 1000, le quotient $\frac{7968}{1000}$, ou 7,968, ne devra compter que pour des douzièmes de pied, ou pour 7 pouces et $\frac{968}{1000}$ de pouce.

Et enfin, en multipliant 968 pouces par 12, pour en diviser le produit 11616, par 1000, le quotient $\frac{11616}{1000}$, ou 11,616, devra compter pour 11 lignes et $\frac{616}{1000}$ de ligne, etc.

Exemple II. Evaluer en marcs et autres subdivisions de la livre-poids, le nombre décimal $0^{l.p.},4009$.

Multipliez ce nombre par 2 qui exprime combien de fois le marc est contenu dans la livre-poids, et retenez 0 marc, parce qu'aucun des chiffres significatifs du produit, ne dépasse la virgule à gauche.

Multipliez 8018, à droite de la virgule, par 8 qui marque combien de fois l'once est contenue dans le marc, et retenez du produit, 6 ou 6 onces, à gauche de la virgule.

Multipliez le reste 4144, par 8, nombre de fois que le gros est contenu dans l'once, et retenez du produit, 3 gros.

Multipliez le reste 3152, par 3 qui marque le nombre de fois que le denier est contenu dans le gros, et retenez 0 denier, aucun des chiffres significatifs du produit 0,9456 ne dépassant la virgule.

livre poids.
0,4009
2
marc.
0,8018
8
onc.
6,4144
8
gros.
3,3152
3
den.
0,9456
24
37824
18912
grains.
22,6944

Multipliez ce même produit 0,9456, par 24 qui marque le nombre de fois que le grain est contenu dans le denier; retenez du produit 22 grains, et négligez le reste 6944.

Et rassemblant la suite des nombres retenus des différens produits, après chacune des multiplications successives, vous aurez $0^{m}6^{o}3^{g}0^{d}22^{grs.}$

pour valeur de $0^{l.p.},4009$, en subdivisions de la livre-poids.

De la réduction des nombres de Mesures anciennes en Mesures nouvelles, et réciproquement.

Pour réduire un nombre quelconque de mesures anciennes en mesures nouvelles, il faut multiplier ce nombre par son unité principale, évaluée en mesures nouvelles.

Et si au contraire c'est un nombre de mesures nouvelles qu'il soit question de réduire en mesures anciennes, il devra être multiplié par son unité principale, évaluée en mesure ancienne.

Exemple I. On veut acheter 6 aunes de drap ; mais le marchand n'ayant que le mètre pour les mesurer, on demande quel en sera l'aunage, en mètres et parties du mètre.

Chercher dans la table d'évaluation des anciennes mesures en mesures nouvelles (pag. 265), la valeur de l'aune en mètre ; multipliez 6 par cette valeur, qui est $1^{m},18845$; et le produit $7^{m},13070$; ou seulement $7^{m},13$ (ce nombre de décimales donnant une approximation suffisante), marquera ce qu'il faut de mètres et parties du mètre, pour mesurer 6 aunes.

En effet, puisque l'aune vaut $1^{m}18845$, on peut dire que l'aune est à $1^{m},18845$; comme 6 aunes sont au nombre de mètres que l'on cherche ; c'est-à-dire que l'on peut établir la proportion suivante :

$$\overset{\text{aune.}}{1} : \overset{\text{mètre.}}{1,18845} :: \overset{\text{aunes.}}{6} : x$$

Dans laquelle on voit que pour avoir la valeur de x, qui est l'objet de la question, il faut multiplier l'un par l'autre, les deux moyens $1^{m},18845$ et 6, et diviser le produit $7^{m},13070$ par l'extrême connu 1, division qui le laissera tel qu'il est ; ce qui indique que pour avo[illegible] la valeur de x, il faut simplement et sans avoir besoin de faire de proportion, multiplier 6 par $1^{m},8845$, suivant la règle que nous avons prescrite.

Exemple II. On veut acheter $7^{m},13070$ de drap ; mais on n'a que l'aune pour les mesurer ; quelle en sera donc la mesure en aunes et parties de l'aune.

Cet exemple est, comme on voit, l'inverse du précédent ; et les deux résultats se serviront réciproquement de preuves. Il y aura la même observation à faire pour les exemples suivans :

Multipliez $7^{m},13070$ par le mètre évalué en aune ; c'est-à-dire, par $0^{a},84144$; et le produit $6^{a},000562080$; ou simplement 6 aunes, vous donnera la mesure, en aunes de $7^{m},13070$.

Exemple III. L'enclos d'un jardin a 748 toises, 4 pieds, 6 pouces de circonférence ; quelle est cette circonférence, en mètres et subdivisions du mètre.

Multiplier $748^{T}4^{P}6^{p}$ par 1,94904, qui exprime

la valeur de la toise en mètres; et le produit 1459m,34370, ou simplement 1459m,34, répondra à la question.

Exemp IV. L'enclos d'un jardin a 1459m,34370 de circonférence; on demande quelle est cette circonférence en toises et subdivisions de la toise.

Multiplier 1459m,34370 par 0,513074, nombre qui exprime la valeur du mètre en toise, et le produit 748T.-q.,75130953380 vous donnera la circonférence demandée, d'abord en toises et parties décimales de la toise.

Evaluez ensuite les décimales en pieds et pouces, suivant la méthode que nous avons donnée (page 274), c'est-à-dire en les multipliant successivement par 6 et par 12; et vous aurez pour résultat 4 pieds 6 pouces; en sorte que la circonférence dont il s'agit, exprimée en toises et subdivisions de la toise, sera de 748 toises, 4 pieds, 6 pouces.

Exemple V. Une certaine étoffe a coûté 40# 6s 8d le mètre; on desire en connoître le prix en francs et subdivisons du franc.

On multipliera 40# 6s 8d par 0,987654 qui marque la valeur de la livre tournois en francs; et le produit 39f,835377; ou seulement 39 francs, 83 centimes, donnera le prix demandé, en francs et subdivisions du franc.

Exemple VI. Une certaine étoffe a coûté

39f,835377 ; on en demande le prix en livres tournois et subdivisions de la livre.

Il faut multiplier 39f,835377 par 1,01250; qui exprime la valeur du franc en livres ; le produit sera 40#,33331921250 ; et évaluant en sous et deniers, la partie décimale de ce nombre, en la multipliant par 20 pour avoir des sous, et en multipliant ensuite la partie décimale du produit par 12 pour avoir des deniers, on aura 6 sous et 8 deniers à fort peu de chose près ; de manière que le prix de l'étoffe en livres tournois et subdivisions de la livre, sera de 40# 6s 8d.

Exemple VII. Une aune de drap a coûté 42 fr.; combien doit-on payer un mètre de la même étoffe ?

Multipliez 42 f. par le mètre évalué en aune; c'est-à-dire, par 0a,84144; et le produit 35f,34018, ou seulement 35 francs 34 centimes satisfera à la question.

Car, puisque le mètre n'est que les 84144 centmillièmes de l'aune, le prix du mètre ne devra être qu'une partie semblable du prix de l'aune, ou de 42 f. ; il y aura donc entre ces deux mesures le même rapport qu'entre leurs prix respectifs ; et ainsi on pourra établir la proportion suivante :

$$0{,}84144 : 1 :: x : 42$$

dans laquelle on voit que pour avoir la valeur de x, qui représente le prix du mètre que l'on cherche, il faut multiplier l'un par l'autre les deux extrêmes 0,84144 et 42 f., et diviser le produit 35,34018 par le moyen connu 1 ; mais comme cette division par 1, ne doit apporter aucun changement au produit, on voit que sans qu'il fût besoin d'établir une proportion, il suffisoit pour résoudre la question, de multiplier 42 f. par 0,84144, comme notre règle le prescrit.

Exemple VIII. Un mètre de drap a coûté 35f,34018; on demande ce que coûteroit l'aune du même drap?

Il faudra multiplier 35f,34018 par 1,18845 qui marque la valeur de l'aune en mètres; et le produit 42f,0000369210, ou 42 f., donnera le prix de l'aune du drap.

Si l'on s'étonne que cette opération étant l'inverse de la précédente, son résultat ne soit pas 42 f. exactement, on fera attention que l'évaluation des quantités en décimales, ne pouvant presque jamais être rigoureusement exacte, à quelque nombre de décimales qu'elle soit poussée, la légère différence qui en résulte doit se faire remarquer dans le calcul, lorsqu'on y fait entrer ces décimales à la place des quantités évaluées qu'elles représentent.

Par exemple, si après avoir évalué $\frac{1}{7}$ en décimales, poussées jusqu'à des centmillièmes, ce qui auroit donné 0,14285, vous vouliez multiplier par 14, cette quantité décimale qui représente $\frac{1}{7}$, vous n'auriez que 1,99990 pour produit, quoique la multiplication de $\frac{1}{7}$ par 14 donne 2 exactement ; mais la différence des deux produits, qui n'est que d'un dix-millième, est si petite, qu'ils peuvent être pris l'un pour l'autre sans aucun inconvénient, du moins dans les usages ordinaires.

Dans notre dernier exemple, la différence de 42 f., à 42f,0000369210, n'est pas de la quatre-millième partie d'un centime.

Exemple IX. On a fait l'acquisition d'un terrain de 20 toises-quarrées, 4 pieds-quarrés, 2 pouces-quarrés ; on desire connoître son étendue en mètres-quarrés.

Il faut multiplier 20T-q. 4P-q. 2p-q., par 3,798744, qui exprime l'évaluation de la toise-quarrée en mètres-quarrés ; mais en faisant cette opération, on se ressouviendra que la toise-quarrée vaut 36 pieds-quarrés ; et le pied-quarré, 144 pouces-quarrés. On trouvera pour produit et pour réponse à la question : 76m-q.,398428.

Si l'on vouloit avoir cette étendue en ares, il faudroit, puisque le mètre-quarré n'est que la centième partie de l'are, diviser 76m-q.,398428 par 100, en avançant la virgule de deux rangs vers la gauche, ce qui donneroit 0are,76398428.

Exemple X. On demande ce que produiroit la réduction de 76m-q.,398428, en toises-quarrées.

On multipliera 76,398428 par 0,263245 qui exprime la valeur du mètre-quarré, en toise-quarrée ; et évaluant la partie décimale du produit 20$^{T\text{-}q.}$,111504178860 en subdivisions de la toise-quarrée, en la multipliant par 36 pour avoir des pieds-quarrés; et la partie décimale du produit, par 144, pour avoir des pouces-quarrés, on aura 20$^{T\text{-}q.}$ 4$^{p\text{-}q.}$ 2$^{p\text{-}q.}$, pour résultat de la réduction de 76$^{m\text{-}q.}$,398428 en toises-quarrées et subdivisions de la toise-quarrée.

Exemple XI. On demande quelle est la valeur de 63 toises-cubes, 126 pieds-cubes, 90 pouces-cubes, en mètres-cubes?

Multipliez 63$^{T\text{-}c.}$ 126$^{P\text{-}c.}$ 90$^{p\text{-}c.}$, par 7,403890, qui marque ce que la toise-cube vaut de mètres-cubes (on sait que la toise-cube vaut 216 pieds-cubes; et le pied-cube, 1728 pouces-cubes) et le produit 470,76578928 satisfera à la question.

Exemple XII. On desire connoître quel seroit le résultat de la réduction de 470$^{m\text{-}c.}$,76578928, en toises-cubes et pieds-cubes.

On aura ce résultat en multipliant 470,76578928 par 0,135064, qui marque le rapport approché à moins du millionième, du mètre-cube à la toise-cube; et en évaluant la partie décimale du produit 63,5835105633139 en pieds-cubes, au moyen de la multiplication de cette partie par 216, ce qui donnera 63 toises-cnbes, 126 pieds-cubes.

Des Opérations par lesquelles on a déterminé les rapports réciproques des Mesures anciennes et nouvelles.

Pour complément de la partie instructive de cette exposition du nouveau système métrique, nous allons mettre le lecteur sur la voie des opérations qu'on a dû faire, pour déterminer la valeur de chaque mesure ancienne en mesure nouvelle ; et celle de chaque mesure nouvelle en mesure ancienne ; et pour plus de clarté et de précision, nous donnerons à ce que nous avons à dire, la forme de questions.

Nous supposerons d'ailleurs qu'on a présentes à la mémoire, les différentes règles que nous avons données (nos. 158 et suiv.) pour la division, et en général pour le calcul des quantités décimales.

Enfin nous rappellerons, comme essentiels à se retracer ici, les principes suivans que nous avons démontrés dans notre Arithmétique :

1°. *Pour diviser une fraction par un nombre entier, il faut diviser le numérateur ou multiplier le dénominateur par ce nombre entier* (126).

2°. *Pour diviser une quantité quelconque par une fraction, il faut la multiplier par l'inverse de de la fraction* (125).

3°. *Une fraction quelconque est renfermée dans l'unité ou dans la quantité dont elle est fraction, autant de fois que l'indique l'inverse de cette même fraction* (136), c'est-à-dire, par exemple, que les $\frac{3}{4}$ de 1 sont renfermés dans 1, $\frac{4}{3}$ de fois; ou que 1 vaut $\frac{4}{3}$ de fois autant que $\frac{3}{4}$; et que, pareillement, les $\frac{16789}{1000000}$ de 5 sont renfermés dans 5, $\frac{1000000}{16789}$ de fois.

4°. *Toute fraction est l'indication d'une division*, dont le dividende est le numérateur; et le diviseur, le dénominateur (89).

5°. *Le rapport d'un nombre à un autre nombre, se détermine par le quotient de la division du premier de ces nombres par le second* (233); et ainsi le rapport de 1 à 3 est $\frac{1}{3}$; ce qui signifie en même temps que 1 vaut 3, $\frac{1}{3}$ de fois, puisque le quotient d'une division marque toujours combien le dividende renferme ou vaut de fois le diviseur; et que réciproquement le rapport de 3 à 1 est 3; ou que 3 vaut 1, 3 fois.

D'où il suit que les deux expressions suivantes: *la valeur d'une quantité en telle autre quantité*; et *le rapport d'une quantité à telle autre quantité*, ne rendent qu'une seule et même idée.

Question I. Déterminer la valeur du mètre en toises?

Le mètre est la dix-millionième partie de la distance de l'équateur au pole; cette distance est de 5130740 toises; le quotient de la division de ce nombre de toises par 10000000; c'est-à-dire $\frac{5130740}{10000000}$; ou $\frac{513074}{1000000}$ (88); ou enfin 0,513074 (168), déterminera donc la valeur du mètre en toises, ou parties décimales de la toise.

Question II. Déterminer la valeur de la toise en mètres ?

Nous avons vu, par la solution de la question précédente, que le mètre est une fraction de la toise, exprimée par $\frac{513074}{1000000}$; donc la toise contient ou vaut le mètre $\frac{1000000}{513074}$ de fois (136) ; ou 1000000 de fois divisé par 513074 (89) ; ou enfin $1^m,949036$, à moins d'un millionième près.

On peut dire, en se bornant à trois décimales, que la toise vaut à très-peu près, 1 mètre et 949 millimètres ; et que réciproquement le mètre vaut les 513 millièmes de la toise.

Mais si le mètre vaut $0^T513074$, les produits $3^p,078444$; $36^p,941328$ et $443^l,295936$, résultant de la multiplication de $0^T,513074$ par 6, par 72 et par 864, seront donc la valeur du mètre en pieds, pouces et lignes, puisque le pied, le pouce et la ligne sont respectivement 6 fois, 72 fois et 864 fois plus petits que la toise.

Et réciproquement si la toise vaut $1^m,949036$, les valeurs du pied, du pouce et de la ligne, en mètres, devront être le sixième, le soixante-et-douzième, et le huit cent soixante-quatrième de $1^m,949036$; c'est-à-dire, $0^m,324840$; $0^m,027070$ et $0_m,002256$.

Pour déterminer le rapport de la lieue (de 2282 toises) au mètre, il faudra diviser 2282 par le nombre décimal 0,513074, qui marque la valeur du mètre en toises ; et le quotient

4447,7015011, à moins d'un dix-millionième près, donnera ce rapport.

Et réciproquem[t]., le quotient 0,00022483523[2], provenant de la division de 0,513074 par 2282, exprimera la valeur du mètre en lieues.

D'où l'on devra conclure que la lieue vaut 0,44477015011 myriamètres; et que le myriamètre vaut 2,24835232 lieues.

Question III. Déterminer la valeur du mètre en aunes?

Suivant la vérification, qui en fut faite en 1745 et 1746, par ordre du Gouvernement, sur l'étalon déposé au bureau de la Mercerie de Paris, l'aune est de 3 pieds, 7 pouces, 10 lignes et $\frac{5}{6}$ de ligne; ou, en réduisant les pieds et les pouces en lignes, et les $\frac{5}{6}$ de ligne en décimales, est de 526^{l},833333, à moins d'un millionième près.

Le mètre, comme nous l'avons déjà dit, et comme le constate notre opération (n°. 208), est de 3 pieds, 11 lignes, et 0,295936 de ligne; ou, en réduisant les pieds en lignes, de 443^{l},295936.

Donc le rapport du mètre à l'aune, ou la valeur du mètre en aunes, sera déterminée par le quotient de la div^{n}. de 443,295936 par 526,833333 (233); c'est-à-dire, par 0,841346, à moins d'un millionième près.

Question IV. Déterminer la valeur de l'aune en mètres?

Nous venons de voir que la longueur de l'aune est de 526^{l},833333; et que celle du mètre est de

443^{l},295936 ; il faut donc, pour déterminer le rapport de l'aune au mètre, ou sa valeur en mètres, diviser 526,833333 par 443,295936 ; ce qui donnera 1^{m},188446, à moins d'un millionième près (158).

On concevra que *pour déterminer la valeur en mètres, de la moitié, du tiers, du quart, etc. de l'aune*, il suffira de prendre la moitié, le tiers, et en général la partie semblable de 1^{m},188446 ; ce qui donnera 0,594223 ; 0,396149, etc.

Et que réciproquement, pour avoir, en aunes, la valeur du décimètre, du centimètre, etc., il faudra prendre le dixième, le centième, etc., de 0,841436 ; ce qui donnera 0,0841436, 0,00841436, etc.

Question V. Déterminer la valeur du mètre-quarré en toises-quarrées.

Le mètre vaut en toises 0^{T},513074 ; donc le mètre-quarré vaudra 0^{T},513074 × 0,513074 (209) ; ou 0$^{T\text{-}q\cdot}$,263244929496.

Question VI. Déterminer la valeur de la toise-quarrée en mètres-quarrés.

La toise vaut 1^{m},949036 ; la toise-q. vaudra donc 1^{m},949036 × 1^{m},949036 ; ou 3$^{m\text{-}q\cdot}$,798741329296.

Et puisque le mèt.-q. vaut 0$^{T\text{-}q\cdot}$,263244929496, les 3 prod. 9,476817461858 ; 1364,661714507264 et 196511,28688904616, résultant de la multiplication successive de 0,263244929496 par 36, par 5184 et par 746496, marqueront la valeur du mètre-quarré, en pieds-quarrés, pouces-qu.

et lign.-quarr. ; les nombres 36,5184 et 746496 exprimant les rapports respectifs de la toise-quarrée au pied-quarré, au pouce-quarré, et à la ligne-quarrée.

Pareillement, pour avoir les valeurs du pied-quarré, du pouce-quarré et de la ligne-quarrée en mètres-quarrés, il faudra diviser successivement par 36, par 5184 et par 746496, le nombre 3,798413296, qui exprime le rapport de la toise-quarrée au mètre-q., ce qui donnera pour ces valeurs respectives : $0^{m\text{-}q\text{.}}$,1055205924 80; $0^{m\text{-}q\text{.}}$,0007327 81892 et $0^{m\text{-}q\text{.}}$,000005088768.

Enfin, pour déterminer le rapport du mètre-quarré à la lieue-quarrée ; et celui de la lieue-quarrée au mètre-quarré, on quarrera, pour le premier cas, le nombre 0,000224835232, que nous avons vu plus haut, exprimer la valeur du mètre en lieues, ce qui donnera $0^{lieue\text{-}q\text{.}}$,0000000505508815484938 24 ; et pour le second cas, on quarrera le nombre 4447,7015011, qui exprime la valeur de la lieue en mèt., ce qui produira 19782048,6428871933 0121.

Des rapports réciproques du mètre-quarré et de la lieue-quarrée, que nous venons de déterminer, on conclura que le myriamètre-q. vaut $5^{lieues\text{-}q}$,0550881548493824 ; et que la lieue-qu. vaut $0^{myr.\text{-}q\text{.}}$,1978204864288719330 12.

Question VII. Déterminer la valeur de l'are en arpens (mesure des eaux-et-forêts).

L'are, comme nous l'avons dit (page 260),

vaut 100 mètres-quarrés ; le mètre, qui est égal à 0^{T},513074, vaut par conséquent 6 fois ce dernier nombre en pieds, c'est-à-dire 3^{p},078444 ; donc l'are vaut 100 fois le quarré de 3^{p},078444 ; ou $947^{p\cdot q\cdot}$,68174611 36.

Mais l'arpent est de 100 perches-quarrées de 22 pieds de longueur ; et par conséquent de 48400 pieds-quarrés.

Donc le rapport de l'are à l'arpent, ou sa valeur, en arpens, doit se déterminer par le quotient de la division de 947,681461137 par 48400 ; c'est-à-dire par 0,019580201365, à moins d'un trillionième près (233).

Question VIII. Déterminer la valeur de l'arpent en ares ?

On a vu, par la question précédente, que le rapport de l'arpent à l'are, doit être déterminé par celui de 48400 à 947,68174611 36 ; ainsi, en divisant le premier de ces nombres par le second, le quotient 51,071997 doit exprimer la valeur de l'arpent en ares (233).

La valeur de l'are en arpens étant, comme nous l'avons vu ci-dessus, de 0,019580201365, cette même valeur *en perches-quarrées*, sera donc de 100 fois ce nombre, ou de 1,9580201365, puisque la perche-quarrée est la centième partie de l'arpent.

Et réciproquement *la valeur* de l'arpent s'étant trouvée de 51^{ares},071997 ; celle de *la perche-quarr. en ares*, sera de la centième partie de 51^{ares}071997 ; ou de 0^{are},51071997.

Enfin, *pour déterminer la valeur de l'are en arpens ou en perches-quarrées (mesures de Paris)*; et réciproquement, il suffira de considérer la perche comme n'ayant que 18 pieds de longueur, et d'opérer ensuite comme dans les questions précédentes.

Question IX. Déterminer la valeur du litre en pintes (mesure de Paris).

Le litre, comme nous l'avons dit (page 260), est égal au cube de la dixième partie du mètre ou au cube du décimètre; il est donc la millième partie du mètre-cube.

Mais le mètre-cube vaut

$$0^{\text{T-c.}},135064128945969224\,;$$

donc la millième partie de ce nombre; c'est-à-dire 0,000135064128945969224, déterminera la valeur, en toises-cubes, du décimètre-cube, ou du litre.

D'un autre côté, suivant le rapport des commissaires nommés par le gouvernement, pour la vérification des étalons de la ville de Paris, la pinte vaut 46 pouces-cubes $\frac{95}{100}$; ou $\frac{4695}{100}$ de pouce-cube; elle est donc la 373248e. partie des $\frac{4695}{100}$ de la toise-cube, ou les $\frac{4695}{37324800}$ de la toise-cube, puisque la toise-cube vaut 373248 pouces-cubes.

Maintenant, en comparant les valeurs, en toises-cubes, du litre et de la pinte, on voit facilement que la première de ces deux mesures est avec la seconde, dans le rapport de

0,000135064128945969224 à $\frac{4695}{17134800}$; donc en divisant le premier de ces deux nombres par le second, le quotient 1,0737468796767863880 déterminera la valeur du litre, en pintes.

Question X. déterminer la valeur de la pinte en litres.

On vient de voir que le rapport de la pinte au litre, est le même que celui de $\frac{4695}{17134800}$ à 0,000135064128945969224 ; ainsi, en divisant le premier de ces nombres par le second, le quotient 0,931318, à moins d'un millionième près, marquera la valeur de la pinte, en litres.

Si l'on veut *déterminer la valeur du litre en veltes ; et celle de la velte en litres*, on considérera que la velte vaut 8 pintes ; et par conséquent, 1°. que la valeur du litre en veltes, ne doit être que le huitième de ce qu'elle est en pintes ; c'est-à-dire, le huitième de

1,0737468796767863880 ;

ou 0,1342183599595982985.

2°. Que la valeur de la velte en litres, doit être 8 fois plus forte que ne l'est celle de la pinte ; c'est-à-dire, être égale à 8 fois, 0,931318 ; ou à 7,450544.

Question XI. Déterminer la valeur du litre en boisseaux (mesure de Paris).

Suivant la vérification des étalons de la ville de Paris, faite par des commissaires du gouvernement, le boisseau est de 655 pouces-cubes $\frac{78}{100}$; ou, en réduisant 655 en centièmes de $\frac{65578}{100}$ de pouces-cubes ; sa valeur est donc en toises cubes, de la 373248e partie de $\frac{65578}{100}$; ou les $\frac{65578}{37324800}$ de la toise-cube, puisque cette dernière mesure vaut 373248 pouces-cubes.

Mais on a vu tout à l'heure, que le litre vaut $0^{T\text{-}c.}$,0001350641284596924 ; donc le litre et le boisseau sont ensemble dans le rapport de 0,0001350641284596924 à $\frac{65578}{37324800}$; ainsi, en divisant le premier de ces nombres par le second, le quotient 0,0768739760298043870 donnera la valeur du litre en boisseaux.

Et puisque le boisseau vaut 16 litrons, *la valeur du litre en litrons*, sera 16 fois celle du litre en boisseaux ou 1,2299836164768710192o.

Enfin, *pour déterminer la valeur du litre, en setiers et en muids*, on fera attention que le setier contenant 12 boisseaux, et que le muid en contenant 144, la valeur du litre, en setiers et en muids, sera 12 fois et 144 fois moins forte qu'en boisseaux ; et qu'ainsi, en divisant successivement 0,0768739760298043870, par 12 et par 144, les deux quotiens 0,0064061646691503656 et 0,0005338470557625305 donneront la valeur du litre, en setiers et en muids.

Question XII. Déterminer la valeur du boisseau, en litres ?

La valeur du boisseau en toises-cubes, est exprimée par la fraction $\frac{66578}{37324800}$; et celle du litre, par 0,0001350641284596924 ; donc pour avoir le rapport du boisseau au litre, ou sa valeur en litres, il faut diviser le premier de ces nombres par le second (233); ce qui donnera 13,008333, à moins d'un millionième près.

Le *litron étant la* 16e. *partie du boisseau, sa valeur en litres*, sera la 16e. partie de 13,008333; ou 0,813021.

Et comme le setier contient le boisseau 12 fois; et que le muid le contient 144 fois, il faudra, *pour avoir, en litres la valeur du setier et celle du muid*, multiplier successivement 13,008333 par 12 et par 144, ce qui donnera 156,099996 et 1873,19952.

Question XIII. Déterminer la valeur du mètre-cube en toises-cubes?

Le mètre vaut 0^{T},513074; le mètre-cube vaudra donc le cube de 0^{T},513074; ou

$0^{\mathrm{T\text{-}c.}}$,135064128945969224.

Le stère étant égal au mètre-cube, sa valeur sera donc, en toises-cubes, la même que celle du mètre-cube.

La valeur du mètre-cube, en toises-cubes, étant déterminée, il est facile de la déterminer *en pieds-cubes, en pouces-cubes et en lignes-cubes*, en multipliant 0,135064128945969224, d'abord par 216, ce qui donnera $29^{\mathrm{P\text{-}c.}}$,173851852329352384; puis par 373248, ce qui donnera

$50412^{\mathrm{P\text{-}c.}}$,4160008251209195552;

et enfin par 644972544, ce qui produira

$87112654^{\mathrm{l\text{-}c.}}$,8494258089489855856.

Pour se rendre raison des multiplicateurs de

ces multiplications, on considérera que la toise valant 6 pieds, et que valant aussi 72 pouces, et 864 lignes, la toise-cube doit valoir le cube de 6 pieds, ou 216 pieds-cubes, le cube de 72 pouces, ou 373248 pouces-cubes ; et enfin le cube de 864 lignes; ou 644972544 lignes-cubes.

Question XIV. Déterminer la valeur de la toise-cube en mètres-cubes ou en stères.

La valeur de la toise, en mètres, est déterminée, comme on l'a vu plus haut, par la fraction $\frac{1000000}{513074}$; donc le cube de cette fraction, ou $\frac{1000000000000000000}{135064138945969224}$, qui est égal à 7,403890343083, à moins d'un trillionième près, exprimera la valeur de la toise-cube, en mètres-cubes ou en stères.

Et *pour avoir, aussi en mètres-cubes, la valeur du pied cube, celle du pouce-cube et celle de la ligne-cube*, il faut diviser 7,403890343083, valeur de la toise-cube, en mètres-cubes, d'abord par 216, puis par 373248; et enfin par 644972544; ce qui donnera pour ces valeurs respectives : $0^{\text{m-c.}}$,034277270106 ; $0^{\text{m-c.}}$,000019863191 ; et $0^{\text{m-c.}}$,0000000011479.

Question XV. Déterminer la valeur du gramme, en livres-poids.

On a trouvé, comme il a été dit (page 260), que le kilogramme pèse $2^{\text{l-p.}}$, 5 gros, 35 grains et $\frac{15}{100}$ de grains ; ou $\frac{1882715}{921600}$ de grains, en réduisant tout en centièmes de grains ; ou enfin $2^{\text{l-p.}}$,04287651 9, en évaluant la fraction, en livres et parties décimales de la livre, à moins d'un billionième près.

Ainsi le gramme qui est la millième partie du kilogramme, vaudra la millième partie de $2^{\text{l.p.}},042876519$, c'est-à-dire, $0^{\text{l.p.}},002042876519$.

Et puisque la livre vaut 16 onces, qu'elle vaut 128 gros, et aussi 9216 grains, on aura *la valeur du gramme, en onces, en gros et en grains*, en multipliant successivement 0,002042876519, d'abord par 16 ; puis par 128 et enfin par 9216; ce qui donnera pour ces valeurs respectives, les trois quantités $0^{\text{onces}},032686024304$;

$0^{\text{gros}},261488194432$;

et $18^{\text{grains}},827149999104$.

Question XVI. Déterminer la valeur de la livre-poids, en gramme.

Nous venons de voir que la valeur du kilogramme en livres-poids, est exprimée par la fraction $\frac{1882715}{921600}$; celle du gramme, aussi en livres-poids, sera donc exprimée par le millième de cette fraction (126); ou par $\frac{1882715}{921600000}$.

Mais si la livre-poids vaut ou contient le gramme, le nombre de fois déterminé par cette fraction, on aura donc la valeur de la livre-poids, en grammes, en divisant $1^{\text{l.p.}}$ par cette même fraction ; or le quotient de cette division est $\frac{921600000}{1882715}$; ou 489,505846, à moins d'un millionième près.

Et si la livre-poids vaut $489^{\text{gram.}},505846$, la division successive de ce nombre, par 16, par

128 et par 9216, donnera *les valeurs, en grammes, de l'once, du gros et du grain*, qui seront, ainsi, 50$^{\text{gram.}}$,594115; 3$^{\text{gram.}}$,824264 et 0$^{\text{gram.}}$,053114.

Question XVII. Déterminer la valeur du franc en livres-tournois.

Nous avons dit (page 264), que la valeur du franc excédoit celle de la livre tournois, de 3 deniers; ou de $\frac{1}{240}$; ou enfin de $0^{\#}$0125 exactement; le franc vaut donc $1^{\#}$,0125.

Et pour avoir *la valeur du décime et celle du centime en franc*, il faudra donc diviser $1^{\#}$,0125 par 10 et par 100; ce qui donnera, pour ces valeurs respectives, $0^{\#}$,10125 et $0^{\#}$,010125.

Question XVIII. Déterminer la valeur de la livre-tournois en franc.

La solution de la question précédente a fait connoître qu'il faut $1^{\#}$,0125 pour faire un franc; on aura donc la livre-tournois en franc, en divisant 1^{f}, par $1^{\#}$,0125; ce qui donnera 0^{f},987654.

Et puisque le sou et le denier sont le 20e. et le 240e. de la livre, les quotiens 0^{f},04938227 et 0^{f},00411522 de la division de 0^{f},987654 par 20 et par 240, seront les valeurs du sou et du denier, en francs.

Nous ne pouvions entreprendre de déterminer les rapports ou valeurs réciproques de toutes les espèces de mesures anciennes et nouvelles;

et nous avons dû, dans ces évaluations, nous borner aux mesures principales; mais par des opérations analogues à celles que nous avons appliquées à celle-ci, on pourra facilement faire l'évaluation de toutes les autres : on comparera les deux mesures, ancienne et nouvelle, qu'on aura à évaluer l'une en l'autre, à une troisième mesure qui leur soit commune, et en laquelle on les réduira, puis on déterminera leurs rapports ou valeurs réciproques, en divisant chacune des deux par l'autre.

C'est ainsi que, pour déterminer la valeur du mètre en aunes, et celle de l'aune en mètres, nous avons réduit ces deux mesures en pouces; et qu'après cette réduction, nous les avons divisées, l'une par l'autre.

FIN.

TABLE
DES MATIÈRES.

ERRATA.

Page 5,	ligne 29,	*lisez* 98765, au lieu de 98,765.
6	26	*lisez* 9000000, au lieu de 9,000000.
11	4	*lisez* ajoutée, au lieu de ajouté.
15	2	*ajoutez : Première Question*, après (20).
33	9	*lisez* dixaines, au lieu de centaines.
132	27	*lisez* deux, au lieu de trois.
144	28	*lisez* 228, au lieu de 218.
161	23	*lisez* 239, au lieu de 238.
164	8	*lisez* 242, au lieu de 244.
175	1	*lisez* 261, au lieu de 26.
178	5	*lisez* 264, au lieu de 224.
180	18	*lisez* 243, au lieu de 242.
202	28	*lisez* la règle, au lieu de les règles.

www.ingramcontent.com/pod-product-compliance
Ingram Content Group UK Ltd.
Pitfield, Milton Keynes, MK11 3LW, UK
UKHW012158240726
13966UKWH00002B/433